Philippe Rothlin | Peter R. Werder

Unterfordert

Für Nicolás. Für Tom.

Philippe Rothlin | Peter R. Werder

Unterfordert

Diagnose Boreout –
Wenn Langeweile krank macht

REDLINE | VERLAG

Bibliografische Information der Deutschen Nationalbibliothek:
Die Deutsche Nationalbibliothek verzeichnet diese Publikation in der Deutschen Nationalbibliografie; detaillierte bibliografische Daten sind im Internet über http://d-nb.de abrufbar.

Für Fragen und Anregungen:
boreout@redline-verlag.de

3., überarbeitete Neuauflage 2014

ein Imprint der Münchner Verlagsgruppe GmbH,
Nymphenburger Straße 86
D-80636 München
Tel.: 089 651285-0
Fax: 089 652096

Die vorherige Auflage erschien unter dem Titel ***Diagnose Boreout*** im Redline Verlag.

Umschlaggestaltung: Maria Wittek, München
Umschlagabbildung: shutterstock.com
Satz: Grafikstudio Foerster, Belgern
Druck: Konrad Triltsch GmbH, Ochensfurt
Printed in Germany

ISBN Print 978-3-86881-551-1
ISBN E-Book (PDF) 978-3-86414-486-8
ISBN E-Book (EPUB, Mobi) 978-3-86414-487-5

Inhalt

Vorwort zur dritten Auflage

2007:

Die erste Auflage dieses Buches wurde im Jahr 2007 veröffentlicht. Blenden wir kurz zurück: Es war dies das Jahr des Beginnes der weltweiten Finanzkrise, ausgelöst durch die sub-prime Krise in den Vereinigten Staaten. Hedge Fonds, ganze Banken gingen pleite und mussten gerettet werden, die Börsen taumelten wie seit 2001 nicht mehr. Es war der Beginn einer Weltwirtschaftskrise, einer schweren Rezession, der Beginn der Vernichtung von Millionen Arbeitsplätzen.

2014:

Blog-Eintrag eines Arbeitnehmers zu einem von einer Onlinezeitung veröffentlichten Artikel, in welchem es um neue Arbeitszeitmodelle ging: »*Von den 8h30, die ich täglich im Büro sitze, arbeite ich maximal 6–7 Stunden wirklich konzentriert und effizient, der Rest ist dann Präsentismus, Kaffepause, dauernde Ablenkung durch unnötige Mails und andere Störungen, inneffiziente Sitzungen, Zeit überbrücken usw.*«

Wer also gemeint hat, dass nach der großen Krise der Boreout ausgerottet wäre, hat sich getäuscht. Naheliegend wäre der Gedanke, zugegebenermassen: Die vorhandene Arbeit wird auf weniger Arbeitnehmer verteilt, der Stress steigt und jeder einzelne strengt sich dermassen an, dass Unterforderung und Desinteresse nicht den Hauch einer Chance haben. Aber wie gesagt: weit gefehlt. Der

Boreout gedeiht weiterhin prächtig in den Unternehmen, so traurig das ist. Denn die ursächlichen Probleme und Auslöser des Boreout hängen nicht nur direkt vom Arbeitsvolumen ab, sondern von weiteren Faktoren: Falsche oder keine Delegation durch die Führungskräfte, eine möglichst breite Führungsspanne ist weiterhin ein Statussymbol (auch wenn nicht genügend Arbeit vorhanden ist), überbewertete Stellenbeschreibungen – aber auch Menschen selber, die einen Job übernehmen, der sie nicht im geringsten interessiert und fordert. Kurz: Die Treiber des Boreout haben sich nicht geändert – trotz Millionen Arbeitslosen, trotz Wirtschaftskrise. Der Schuh drückt weiterhin am Arbeitsplatz und die Realität spricht eine klare Sprache. Der Boreout hat sich als ernstzunehmendes Problem der Arbeitswelt des 21. Jahrhunderts durchgesetzt.

Bei der zweiten Auflage dieses Buches haben wir einige formelle Anpassungen sowie diverse kleinere Aktualisierungen vorgenommen. Zudem haben wir es um einige Textpassagen ergänzt, die sich thematisch an unserem zweiten Buch, der Boreout-Falle, orientieren und somit das vorliegende Buch mit zentralen, ausgesuchten Elementen ergänzen. So widmen wir beispielsweise ein Kapitel unseren Kritikern. Gerade ihnen hat die Realität ein Schnäppchen geschlagen. Sie verneinen auf fahrlässige Weise, dass Unterforderung am Arbeitsplatz ein Problem darstellt. Es ist nicht lustig, unterfordert zu sein – und Menschen, die arbeiten wollen, die man aber nicht lässt, sind nicht faul. Sie leiden an einem Boreout. Bei aller Verantwortung, welche wir dem Unternehmen in solchen Situation klar zuschieben, steht für uns die Eigenverantwortung im Zentrum. Das bereits bestehende Kapitel haben wir um einige Zeilen ergänzt. Aber auch einige neue Strategien, wie man das Nichts-Tun am Arbeitsplatz strategisch steuern und so sowohl seinen Chef wie auch seine Arbeitskollegen genüsslich und erfolgreich hinters Licht führen kann, fehlen nicht.

Boreout gibt es jetzt offiziell überall: Im Duden, im Internet, es gibt Kurse dagegen, Bücher wurden geschrieben, die erste Auflage dieses Buches wurde auf neun Sprachen übersetzt und unzählige Artikel wurden verfasst. Es hat zwar über 35 Jahre gedauert, bis zum Burnout die Diagnose Boreout hinzugekommen ist, aber auch hier gilt: Besser spät als nie.

Wir wünschen Ihnen viel Spass bei der Lektüre.

Philippe Rothlin und Peter R. Werder

Die Arbeitswelt des 21. Jahrhunderts: vom Burnout zum Boreout

Stress am Arbeitsplatz gehört heute einfach dazu. Wer nicht gestresst ist, ist scheinbar nicht wichtig. Deshalb wird Stress oft übertrieben dargestellt. Natürlich gibt es sie, die gestressten Arbeitnehmer, die vom Unternehmen ausgequetscht werden wie eine Zitrone. Aber es gibt auch das Gegenteil. Davon handelt dieses Buch. Aussagen zum Thema Stress sind also mit Vorsicht zu genießen – er gehört nicht nur einfach zum guten Ton, sondern ist sozial erwünscht und hat einen wesentlich höheren Unterhaltungswert als zum Beispiel Langeweile.

Das Thema Arbeitsstress dominiert viele Feierabendgespräche. Doch wenn es nicht beim oberflächlichen Geplänkel bleibt und die Unterhaltung eher in die Tiefe geht, stellt sich plötzlich heraus, dass viele Arbeitnehmer meilenweit davon entfernt sind, gestresst zu sein. Das Gegenteil ist der Fall. Sie sind unterfordert, desinteressiert und unendlich gelangweilt – keine Spur von Herausforderung oder Interesse an dem, was sie täglich tun. Gemäß einer Umfrage von Kelly Services, einem internationalen Personalvermittlungs-Unternehmen, liegt der gesamteuropäische Durchschnitt der Arbeitnehmer, die sich gestresst fühlen, bei 27 Prozent. Viele weitere Untersuchungen kommen zu ähnlichen Schlüssen.

Uns interessieren in diesem Buch die restlichen 73 Prozent – jene Arbeitnehmer, die sich irgendwo zwischen »Stressaufkommen gerade richtig« und »unterfordert« verorten. Es geht also nicht um Stress, sondern um das Gegenteil davon: Es geht nicht um den Burnout, sondern um den Boreout. Unterforderung, Desinteresse und Langeweile als wesentliche Elemente der Arbeitswelt des 21. Jahrhunderts? Wahrscheinlich denken Sie jetzt, das sei in Zeiten der Globalisierung doch gänzlich unmöglich. Wir müssten doch eher über- statt unterfordert sein. Wer kennt denn schon Langeweile bei der Arbeit? Vergegenwärtigen Sie sich aber auch einmal Ihr berufliches Umfeld: Haben Sie keinen Arbeitskollegen, bei dem Sie nicht genau wissen, was er den ganzen Tag über tut? Was eigentlich seine Aufgaben sind? Der vielleicht sogar den Anschein erweckt, gestresst zu sein, es aber unter Umständen gar nicht ist? Vielleicht überzeugen Sie die Resultate der folgenden drei Umfragen:

- Eine Untersuchung der Gallup Organization besagt, dass sich in Deutschland 87 Prozent aller Beschäftigten gering oder gar nicht an ihr Unternehmen gebunden fühlen. Die Studie sieht die Ursachen unter anderem darin, dass sieben von zehn Befragten keine Position ausfüllen, die ihnen wirklich liegt.

- Für Salary.com und AOL befragte Dan Malachowski im Jahr 2005 mehr als 10.000 Arbeitnehmer zum Thema Zeitverschwendung am Arbeitsplatz. Das Resultat: 33,2 Prozent dieser Gruppe sagten aus, sie hätten bei der Arbeit nicht genug zu tun, sind also unterfordert.

- Eine weitere Untersuchung von Salary.com, die 2014 durchgeführt wurde, kommt zum Schluss, dass 26 Prozent der Befragten zwei oder mehr Stunden pro Tag Zeit verschwenden. Die Gründe: Langeweile und fehlende Anreize bei einem Drittel der Befragten

Mit anderen Worten: Unzählige Arbeitnehmer sind keinesfalls im Stress, obwohl immer so viel davon geredet wird, sondern verfügen tatsächlich über »Freizeit« bei der Arbeit. Und diese Zeitspanne ist nicht so gering, wie man meinen könnte. Um nochmals die

Untersuchungen zu zitieren: Die unterforderten Arbeitnehmer erledigen an ihrem Arbeitsplatz und während ihrer Arbeitszeit täglich zwei und mehr Stunden private Dinge – Dinge, die nichts mit dem zu tun haben, wofür sie eigentlich bezahlt werden: Sie schreiben unzählige private E-Mails, surfen zum eigenen Vergnügen im Internet und nutzen das enorme Angebot an Websites, die dabei behilflich sind, die Präsenzzeiten am Arbeitsplatz irgendwie zu überbrücken. Da gibt es Sites mit Spielen, bei denen es beispielsweise für ein Rennen mit dem Bürostuhl Punkte gibt, Tipps zur Überbrückung von langweiligen Meetings – Bullshit Bingo ist in dieser Hinsicht wohl die bekannteste Unterhaltung – oder ganz einfach Facebook, Instagram oder Twitter. Manche der gelangweilten Arbeitnehmer entwickeln gar eine eigene Geschäftsidee und planen dann ihre zukünftige Selbstständigkeit am Arbeitsplatz. Dass all dies nicht mehr unter die Kategorie der kreativen Pausen am Arbeitsplatz fällt, erklärt sich wohl von selbst.

Es gibt Softwarefirmen, die können haargenau ausrechnen, wie viel Zeit sich mit schnelleren Programmen oder Rechnern sparen ließe. Auf 500 Mitarbeitende kommen dann schnell zwei Arbeitsstellen in einem Jahr – und das allein wegen der Wartezeiten, die durch zu langsame Hard- und Software entstehen. Trotz allem sprechen wir aber nur von ein paar Sekunden pro Tag und Mitarbeiter. Eine lächerliche Größe, verglichen mit der Zeit, in der viele Menschen ganz einfach nicht arbeiten und trotzdem im Büro sitzen. Da gehen täglich Stunden verloren, weil sie anderes tun, als sich der eigentlichen Arbeit zuzuwenden.

Salary.com und AOL haben ausgerechnet, dass die USA das oben beschriebene Phänomen über 750 Milliarden Dollar oder über 5.000 US-Dollar pro Arbeitnehmer und Jahr kostet. Gemäß der Gallup-Studie belaufen sich die Schätzungen des gesamtwirtschaftlichen Schadens in Deutschland auf über 250 Milliarden Euro. Auch wenn die Zahlen hoch gegriffen sind: Unterforderung, Desinteresse und Langeweile sind offenbar – der Globalisierung zum Trotz – wesentliche Elemente der Arbeitswelt des 21. Jahrhunderts und stellen in ihren Auswirkungen einen erheblichen Kostenfaktor dar.

Weil die vielen unzufriedenen Arbeitnehmer lieber private Dinge an ihrem Arbeitsplatz erledigen, statt gegen ihr missliches Gefühl anzuarbeiten, könnte man sich verleitet fühlen, ihnen selbst die Schuld für ihre Misere in die Schuhe zu schieben und sie gar als grundsätzlich faul zu bezeichnen. Davor sollten Sie sich jedoch hüten. Denn die genannten Umfragen zur Unzufriedenheit lassen auch erkennen, dass gerade unterforderte Arbeitnehmer die unzufriedensten sind – sie würden gerne mehr leisten. Doch entweder sind sie im falschen Beruf gelandet, oder ihr Unternehmen lässt sie genau dies nicht tun.

Paradoxerweise wendet der unzufriedene Arbeitnehmer verschiedene Verhaltensstrategien an, um beschäftigt zu wirken und sich zusätzliche Arbeit vom Leibe zu halten. Paradox ist dieses Verhalten deshalb, da genau diese Strategien den Zustand der Unzufriedenheit zementieren. Der Arbeitnehmer tut dies, weil er davon ausgeht, es sei erstrebenswert, bei der Arbeit wenig bis nichts zu tun. Die Wahrheit lautet jedoch anderes: Ein über längere Zeit andauerndes Nichtstun bei der Arbeit ist nicht mehr und nicht weniger als der blanke Horror. Immer nur vorzuspiegeln, man sei beschäftigt, wird mit der Zeit anstrengend und ist vor allem unbefriedigend. Herausforderung und Anerkennung fehlen. Seine Unzufriedenheit schleppt der Arbeitnehmer nach Arbeitsschluss auch noch mit nach Hause.

> Ist ein Arbeitnehmer unterfordert, desinteressiert und unendlich gelangweilt und versucht zudem – paradoxerweise – diesen Zustand aktiv zu erhalten, dann leidet er eindeutig am Boreout.

Mit Hilfe der folgenden Fragen finden Sie heraus, ob Sie selbst oder Bekannte von Ihnen vom Boreout betroffen sind. Antworten Sie mit

Ja oder Nein. Ein Ja setzen Sie immer dann ein, wenn Sie mehrmals im Monat die abgefragten Dinge tun oder empfinden.

Nr	Frage	Antwort
1	Erledigen Sie private Dinge während der Arbeit?	
2	Fühlen Sie sich unterfordert oder gelangweilt?	
3	Tun Sie ab und zu so, als ob Sie arbeiten würden – tatsächlich haben Sie aber nichts zu tun?	
4	Sind Sie am Abend müde und erschöpft, obwohl Sie überhaupt keinen Stress hatten?	
5	Sind Sie mit Ihrer Arbeit eher unglücklich?	
6	Vermissen Sie den Sinn in Ihrer Arbeit, die tiefere Bedeutung?	
7	Könnten Sie Ihre Arbeit eigentlich schneller erledigen, als Sie dies tun?	
8	Würden Sie gerne etwas anderes arbeiten, scheuen sich aber vor dem Wechsel, weil Sie dabei zu wenig verdienen	
9	Verschicken Sie während der Arbeit private E-Mails an Kollegen?	
10	Interessiert Sie Ihre Arbeit nicht oder wenig?	

Wenn Sie mehr als viermal ein Ja eingesetzt haben, leiden Sie am Boreout oder sind auf dem schlechtesten Weg dorthin. Mit diesem Buch können Sie in Erfahrung bringen, was das ist und was Sie dagegen tun können.

Der Boreout – Begriff, Elemente und Entwicklung

Der Begriff Boreout besteht aus den beiden englischen Wörtern »bore« – Langweiler – und »out« – außen. Die Kombination beider Wörter ergibt so etwas wie ein Ausgelangweilt-Sein. Demnach ist ein vom Boreout betroffener Arbeitnehmer gewissermaßen ein Ausgelangweilter. Das heißt selbstverständlich nicht, dass mit dem Ausgelangweilt- Sein die Langeweile beendet wäre und somit wieder Abwechslung und Spannung vorherrschen würden. Im Gegenteil: Die Langeweile wird dermaßen unerträglich, dass sich für den Betroffenen neue, viel schlimmere Dimensionen auftun.

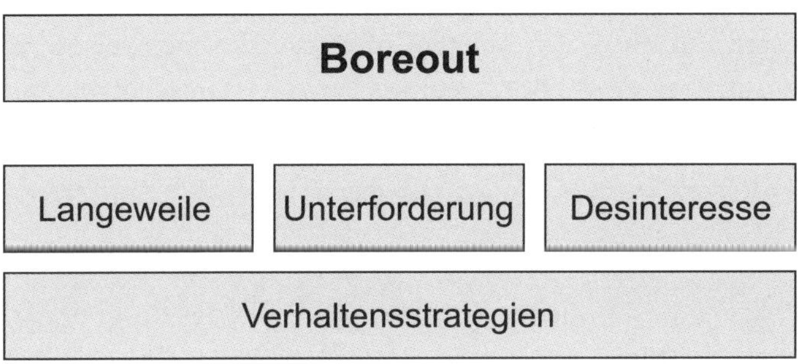

Der Boreout als das Gegenteil des Burnout besteht aus den drei Elementen Unterforderung, Desinteresse und Langeweile am Arbeitsplatz. Damit verknüpft sind langfristig angelegte Verhaltensstrategien, die der Arbeitnehmer anwendet, um bei der Arbeit ausgelastet zu wirken und sich Arbeit vom Leibe zu halten. Einerseits hat jedes der drei erwähnten Elemente seinen eigenen Charakter und seine eigenen Wirkungen:

- Bei der *Langeweile* geht es um Lustlosigkeit und um einen Zustand der Ratlosigkeit, weil man nicht weiß, was man tun soll.

- Die *Unterforderung* beschreibt das Gefühl, mehr leisten zu können, als von einem gefordert wird.

- Und beim *Desinteresse* schließlich steht die fehlende Identifikation mit der Arbeit im Vordergrund.

Andererseits sind alle drei Elemente immer auch irgendwie miteinander verbunden und stehen in Wechselwirkung: Wer permanent unterfordert ist, den beginnt seine Arbeit zu langweilen. Wer sich konstant langweilt, der verliert früher oder später das Interesse an dem, was er macht. Die Boreout-Strategien sind in diesem Zusammenhang unentbehrlich. Denn wenn jemand sich bei der Arbeit langweilt, kann er dies nicht einfach so zur Schau stellen. Wer kann es sich erlauben, zum Beispiel einfach auf seinem Stuhl zu sitzen und Löcher in die Luft zu starren? Ein Arbeitnehmer kann dies keinesfalls. Er muss also zwangsläufig zu Verhaltensweisen greifen, die bei anderen den Eindruck erwecken, er sei beschäftigt und ausgelastet. Würde er diese Verhaltensweisen, genauer gesagt, diese Strategien nicht anwenden, stünde er in der Gefahr, entlassen zu werden.

Die Lektüre dieses Buches wird Sie in die Welt des Boreout führen – wie er entsteht und wie er aussieht. Sie werden nachvollziehen können, wie man sich fühlt, wenn man am Boreout leidet, sowie die daraus resultierenden Verhaltensstrategien und ihren paradoxen Charakter näher kennenlernen. Und zum Schluss werden wir Ihnen unsere Lösung vorstellen, die dabei helfen soll, aus dem Boreout-Schlamassel herauszufinden oder ihm vorzubeugen.

Der Boreout ist eine ernste Sache. Dennoch ist es bei der Beschäftigung damit wichtig, den Humor nicht zu verlieren, denn der Boreout hat paradoxerweise sogar lustige Seiten. Damit Sie auch etwas davon haben, wird ein Herr namens Alex Sie bei Ihrer Lektüre begleiten und Ihnen manch unterhaltsame Geschichte erzählen. Schließlich ist er ein profunder Kenner des Boreout. Alex wendet die Strategien bereits so perfekt an, dass er seinen Arbeitsprozess beliebig steuern und sich Arbeit vom Leibe halten kann. Sein Chef merkt nichts davon, der ist zu sehr mit sich selbst beschäftigt. Alex ist 31 Jahre alt, arbeitet irgendwo auf dieser Welt in irgendeinem Büro – an irgendeinem Schreibtisch. Alex könnte fast überall auftauchen. In vielen von uns steckt etwas von Alex.

Das Verhältnis des Boreout zum Burnout

Obwohl der Boreout das Gegenteil des Burnout ist, stehen sie in einer engen Beziehung zueinander. Wie bei der Beziehung zweier Brüder gibt es neben den Unterschieden auch viele Gemeinsamkeiten. Zudem sind Brüder – selbstverständlich – miteinander verwandt. So verhält es sich auch beim Boreout und Burnout: Wer am Burnout leidet, ist gestresst, hat zu viel Arbeit und opfert sich bis zum Kollaps für das Unternehmen und seine Arbeit auf. Für Boreout-Betroffene hingegen existiert das Wort Stress nicht, sie sind meilenweit davon entfernt, sich bei der Arbeit auch nur ansatzweise verausgaben zu müssen. Vielmehr wissen sie meistens gar nicht, was sie überhaupt tun sollen. Das ist das Gegensätzliche unserer beiden Brüder. Gemeinsam haben sie viele der Symptome, die sich aufgrund der unbefriedigenden Situation am Arbeitsplatz bemerkbar machen. Das Verwandtschaftliche der beiden tritt schließlich klar zutage, wenn wir betrachten, wie sich die zwei Brüder in einem Team verhalten, wie sie sich gegenseitig beeinflussen und dass sie ähnlich wie Yin und Yang in einer Beziehung zueinander stehen.

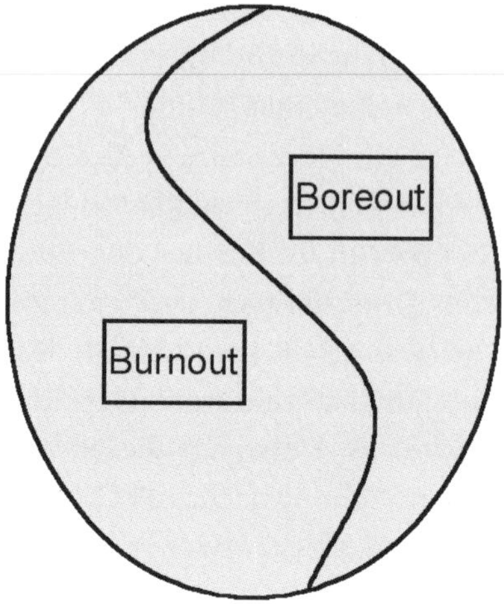

Betrachten wir deshalb den Boreout und den Burnout als Bestandteile eines Systems. Das System ist ein Team, das aus einem Chef und seinen Mitarbeitenden besteht. Dieses Team muss eine bestimmte Menge an Arbeit erledigen. Doch einige Personen des Teams neigen dazu, mehr zu arbeiten, als sie eigentlich müssten. Damit nehmen sie ihren Kollegen auch Arbeit weg. Mit der Zeit verausgaben sie sich derart, dass sie beginnen, am Burnout zu leiden. Ihre Kollegen wiederum haben das Problem, dass immer weniger Arbeit für sie übrig bleibt. Sie beginnen sich zu langweilen, sind unterfordert und desinteressiert. Die frei gewordenen Zeit nutzen sie für andere, private Dinge, an denen sie vorerst mehr Gefallen finden: im Internet surfen, Spiele spielen, Anrufe erledigen und ein Buch lesen oder sogar schreiben – wir haben es weiter oben schon aufgezählt. Sie leiden am Boreout. Gleichzeitig beginnen sie, den Eindruck zu vermitteln, stets beschäftigt zu sein. Das Ziel ist, sich zusätzliche Arbeit möglichst vom Leibe zu halten. Denn diese neue freie Zeit gefällt ihnen, zumindest zu Beginn – sie verfallen dem süssen Gift des Nichtstuns. Die Rechnung geht meistens auf: Weil sie ausgelastet erscheinen, erhalten sie entsprechend weniger Arbeit. Und genau diese Arbeit wird wieder durch die gestressten Arbeitnehmer erledigt, die dadurch noch gestresster werden. Es entsteht ein Kreislauf, der sich selbst am Leben erhält und durch das Verhalten der involvierten Personen eine Eigendynamik entwickelt.

Die vorangehende Grafik zeigt diese grundsätzlichen Zusammenhänge der Arbeitsverteilung in einem Team im Lichte der beiden Phänomene Burnout und Boreout. Hier beeinflusst das Verhalten des einen das Verhalten des anderen: Der Stress desjenigen, der am Burnout leidet, bedingt die Langeweile des Kollegen mit einem Boreout. Und umgekehrt. Eine Beziehung, in der Ursache und Wirkung in der Spirale oder im Teufelskreis verwischen.

Vergessen wir jetzt jedoch den Burnout und betrachten wir die einzelnen Elemente des Boreout einmal genauer. Wir werden sehen, was sie genau ausmacht, wie ein betroffener Arbeitnehmer Momente der Unterforderung, des Desinteresses und der Langeweile wirklich erlebt und was ihm dabei den lieben langen Tag durch den Kopf schwirrt.

Element 1: Die Unterforderung

Ein Arbeitnehmer ist unterfordert, wenn er das Gefühl hat, bei der Arbeit eigentlich mehr leisten zu können, als dies gerade der Fall ist. Anders ausgedrückt: Was vom Unternehmen an Arbeitsleistung gefordert wird, liegt unter den Möglichkeiten des Arbeitnehmers. Die Unterforderung besteht aus zwei Elementen, einem quantitativen und einem qualitativen.

Das quantitative Element betrifft das *Wieviel* an Arbeit. In diesem Falle hat der Arbeitnehmer einfach zu wenig zu tun, es gibt zu wenig Arbeit oder die vorhandene Arbeit ist auf die immer gleichen Personen verteilt, zu denen er nicht oder nur am Rande gehört. Eigentlich erwartet man, dass es so etwas in einer von Stress und Verdichtung dominierten Arbeitswelt gar nicht gibt. Doch die bereits zitierten Umfragen bestätigen, dass der durchschnittliche Arbeitnehmer über zwei Stunden Stunden pro Tag mit Surfen oder Plaudern »verplempert«. Die Befragten liefern die Erklärung, warum sie über so viel freie Zeit am Arbeitsplatz verfügen, gleich mit: Ein Drittel von ihnen gab an, der Grund sei der Mangel an genügend Arbeit.

Das qualitative Element betrifft das *Was* , den Inhalt der Arbeit. Für einen unterforderten Arbeitnehmer ist das, was er erledigen soll, zu einfach, oder er bekommt keine wirkliche Verantwortung, etwas zu gestalten oder zu verändern. Er könnte aber aufgrund seines Wissens und seiner Fähigkeiten mehr für das Unternehmen leisten. Die Betonung liegt auf »könnte«, denn das Unternehmen lässt ihn nicht. Stattdessen muss er die wenig herausfordernden Aufgaben übernehmen, Routinearbeiten, immer das Gleiche, während die wirklich spannenden und verantwortungsvollen Tätigkeiten auf den Schreibtischen anderer Personen landen, oft auch bei den Chefs höchstpersönlich.

Wie fühlt sich der unterforderte Arbeitnehmer? In erster Linie unzufrieden. Gemäß den Umfragen von Kelly Services und Gallup stellen die unterforderten Arbeitnehmer mit 44 Prozent die größte Gruppe der Unzufriedenen, sie sind in der Summe noch unzufriedener als die gemäß eigener Aussage gestressten Arbeitnehmer. Der Arbeitnehmer fühlt sich nutzlos, da er sein Bedürfnis, seine Fähigkeiten einzusetzen, nicht befriedigen kann. Wer auf Dauer keine Möglichkeit hat, sich zu profilieren, wird schnell unterschätzt und erhält keine Bestätigung. Klar: Nicht jeder hat damit ein Problem. Diejenigen, die kein Bedürfnis nach Sinnstiftung haben, können gut mit der Unterforderung umgehen. Andere jedoch bekommen schnell ein Problem, wenn ihnen immer zu wenig oder das Falsche zugemutet wird. Für diesen unterforderten Arbeitnehmer stiftet die Arbeit schnell keinen Sinn mehr. Eine vormals positive Grundeinstellung wird ersetzt durch die »Es-bringt-ja-ohnehin-nichts«-Einstellung.

Auch Alex tut immer dasselbe. Tagein, Tagaus. Zwar meinten bereits die alten Römer, die Wiederholung sei die Mutter der Studien. Aber für Alex ist sie eben auch die Mutter seiner Unterforderung.

Am Bleistift zu kauen ist an und für sich nichts Problematisches. Viele Menschen bearbeiten ihre Schreibstifte auf diese Art, wenn sie nachdenken. Bei Alex besteht der Unterschied darin, dass er seine Bleistifte päckchenweise zerkaut. Es ist keineswegs so, dass er dies nur beim Nachdenken tut: Bei ihm ist es ein Zeichen von akuter Unterforderung. Alex erledigt seine Projekte wie ein Fließbandarbeiter. Gerade eben hat er von seinem Chef einen neuen Auftrag erhalten: Er soll einen Kostenvoranschlag machen. Sein Chef ist – wie immer bei potenziellen Kunden – hell begeistert. Alex sieht jedoch nur die tausendste Wiederholung des Immergleichen. »Wir machen es nicht einfach nur über den Preis, sondern über die Qualität und den Preis. Dann sind wir unschlagbar!« Alex hört abwesend seinem Chef zu, der diese Kombination für einmalig und völlig innovativ hält, und gähnt innerlich. Natürlich sind seine Offerten gut und er holt auch laufend neue Kunden, aber der Trick ist einfältig und nicht neu: Für die repetitiven Arbeiten werden günstige Studenten eingestellt, deren Löhne weit unter denjenigen liegen, die dem Kunden in Rechnung gestellt werden. Mit dem Gewinn daraus werden die restlichen Positionen quersubventioniert. Wie spannend. Alex schreibt den Kostenvoranschlag – wie immer – im Copy-Paste-Verfahren. Für das Unternehmen hat konstante Unterforderung mit der immer gleichen Aufgabe natürlich einen großen Vorteil: Man wird extrem effizient. Alex jedoch kann Kostenvoranschläge nicht mehr sehen, sie hängen ihm zum Hals raus. Zum Glück gibt's Sudoku online, da kann er Multitasking betreiben. Gleichzeitig zerkaut er weiter seine Bleistifte. Manchmal hat Alex das Gefühl, alles und alle zu durchschauen. Er fühlt sich dann wie ein Zoobesucher: Leicht teilnahmslos beobachtet er die Affen, wie sie sich von Ast zu Ast hangeln und total interessiert an einer Banane kauen.

Oder wie sie künstlich geschaffene Aufgaben bewältigen, die aus Menschensicht einfacher nicht sein könnten.

Alex hat angefangen, Fehler in seine Arbeit einzubauen. Das macht einerseits Spaß, andererseits hilft es ihm, die Tristesse bei der Arbeit zu überleben. Er amüsiert sich köstlich über seine eigenen Ideen. Natürlich will er niemandem schaden. Doch Alex hat festgestellt, dass viele Leute die Papiere gar nicht lesen. Das macht das Fehlereinbauen so spannend. Für den gerade zu erstellenden Kostenvoranschlag hat er dann auch schon ein paar geniale Einfälle: Seine Firma bezeichnet er als Knorkserei, die Projektkosten beziffert er in Rubel und seinen Chef nennt er den Oberaffen – selbstverständlich nur immer an einer Stelle und im Anhang. Damit es aber etwas prickelnder wird, fügt er auch im Hauptteil seiner Offerte ein paar unterhaltsame Details ein. Die Namen der Kontaktpersonen, die in seiner Firma bei Fragen Auskunft geben könnten, gibt er völlig willkürlich an: Für die Finanzen die Dame vom Empfang, für die Referenzen den Koch aus der Kantine und für die internationalen Netzwerke die Putzfrau. Schließlich erfindet er Niederlassungen in Togo, Afghanistan und Molwanien (das es bekanntlich nicht gibt), und er kreiert Fachausdrücke, die nichts bedeuten: transkognitives Tendrakon, semiduktive Inkonstruenz oder elotarer Provenzismus. Im Allgemeinen trauen sich die potenziellen Kunden nicht zu fragen, zudem schauen sie – wie gesagt – den Kostenvoranschlag gar nicht so genau an. Was zählt, ist der Preis, und da ist Alex unschlagbar und konkurrenzlos günstig – in der Kombination mit Qualität, selbstverständlich. Alex ist das eigentlich egal. Er kaut an seinen Bleistiften, blickt gelangweilt in die Gegend und erfüllt seinen Job mit Bravour. Auch diesen Kunden wird er gewinnen, da ist er sich sicher. Und wenn nicht – auch egal. Nicht einmal Niederlagen fordern ihn. Er freut sich auf den Ausflug am kommenden Sonntag mit seiner Familie, das Highlight, das ihn durch die Woche trägt. Es geht in den Zoo. Die Lieblingstiere seiner Kinder: die Affen.

Element 2: Das Desinteresse

Das zweite Element des Boreout ist das Desinteresse. Darunter verstehen wir ein Gefühl der Gleichgültigkeit gegenüber der Arbeit und dem Arbeitgeber. Das, was der Arbeitnehmer den ganzen Tag lang tut, ist für ihn irrelevant, es hat für ihn keinerlei Bedeutung. Seine eigentlichen Aufgaben, die Produkte oder die Branche, in der er tätig ist, interessieren ihn nicht, sind ihm egal und nicht wichtig.

Ganz anders hingegen der interessierte Arbeitnehmer, der aufmerksam, wiss- und lernbegierig ist, dem das Schicksal seines Unternehmens wirklich am Herzen liegt und der sogar in seiner Freizeit Zeitschriften oder Bücher zum Thema seiner Arbeit liest. Das macht der vom Desinteresse betroffene Arbeitnehmer niemals, denn die arbeitsbezogenen Themen berühren ihn nicht im Entferntesten, ganz im Gegenteil: Je weniger er mit dem Thema konfrontiert wird, desto besser.

Wie fühlt sich der desinteressierte Arbeitnehmer? Er fragt sich permanent, was er an seinem Arbeitsplatz eigentlich verloren hat. Er sieht keinen Sinn in seiner Tätigkeit und registriert, wie unwichtig ihm seine Aufgaben vorkommen. Die Themen, welche seine Arbeitskollegen faszinieren, sind für ihn wie eine fremde Welt. Wenn ihm etwa sein Chef ein vermeintlich spannendes und interessantes Projekt übertägt, stellt er konsterniert fest, dass der Chef dies wirklich spannend findet, während ihm nur davor graut, sich stundenlang mit etwas quälen zu müssen, das ihn nicht interessiert. Darum hat der desinteressierte Arbeitnehmer auch Mühe mit sehr motivierten Kollegen. Er kann ihre Begeisterung und ihren Arbeitseifer nicht nachvollziehen und stellt sich ratlose Fragen wie:

- »Was soll daran interessant sein?«
- »Betrifft mich das?«

- »Habe ich hier irgendeinen Einfluss?«
- »Wie um Himmels willen konnte ich nur meinen, diese Arbeit sei wirklich interessant?«
- »Wieso soll ich mich für etwas zwangsmotivieren, das mir gar nicht wichtig ist?«
- »Für wen tue ich das überhaupt?«

Er identifiziert sich weder mit seiner Arbeit noch mit dem Unternehmen, bei dem er angestellt ist. Deshalb kostet es ihn unglaublich viel Überwindung, eine aus seiner Sicht sinnlose und uninteressante Aufgabe zu erfüllen.

So geht es auch Claudia, einer Arbeitskollegin von Alex. Auch sie hat einen Job, der sie nicht interessiert. Sie versucht, das Beste daraus zu machen. Ganz zur Freude von Alex.

> *Alex kannte Claudia schon seit mehreren Jahren, sie arbeiteten im selben Büro. Sie verstanden sich gut und vertrauten einander blind. Claudia war verantwortlich für das Intranet, und sie hasste ihren Job – weil er voll war von belanglosen Dingen, die sie nicht mal ansatzweise interessierten und die meilenweit von dem entfernt waren, was sie eigentlich gerne getan hätte. Sie musste News schalten, Texte redigieren und mit den Fachabteilungen, die jedes Mal stänkerten, wenn sie den Inhalt ihrer Site ändern sollten, regelmäßigen Kontakt halten. Sie war nach der hundertsten Reorganisation ihres Unternehmens irgendwie in diesen Job reingerutscht. Ihre Arbeit lastete sie bei weitem nicht aus, deshalb hatte sie tagsüber viel Zeit für sich. Und die nutzte sie auch – nämlich für das, was sie wirklich interessierte. Sie entwickelte während der Arbeitszeit einen Geschäftsplan für eine Bar mitten im Geschäftsviertel, in dem sie arbeitete. Der Name der Bar: »Zum*

blauen Arbeitnehmer«. Ihre Zielgruppe: frustrierte Kollegen, die nach einem öden Arbeitstag einfach einen Drink brauchten, bevor es nach Hause ging.

Wenn sie sich unbeobachtet fühlte, werkelte sie wie wild an ihrem Plan, stellte Kalkulationen auf und überlegte sich, wie sie die Bar einrichten würde. Eines Morgens, als sie gerade wieder einmal ihren Lebenstraum träumte, stand plötzlich ihr Chef vor ihr. Er holte sie abrupt in die Arbeitsrealität zurück und fragte unerwartet: »Na, wie läuft das Projekt?«

Claudia war auf seinen Besuch nicht vorbereitet. »Das Bar-Projekt?«, schoss es aus ihr heraus, worauf der Chef erstaunt entgegnete: »Welches Bar- Projekt?« Während sie die ratlosen Gesichtszüge ihres Chefs bemerkte, realisierte sie, dass sie sich verplappert hatte. Sie hätte sich ohrfeigen können. Alex, der daneben saß und über ihre Pläne Bescheid wusste, lachte sich innerlich kaputt. »Nein, ähm«, stotterte Claudia und suchte verzweifelt nach einer Ausrede, »ich meinte, wir könnten ja ein Mal im Monat mit dem ganzen Team etwas trinken gehen nach der Arbeit! Das motiviert und fördert den Zusammenhalt.« Ihr Chef, ein kleiner, rundlicher Giftzwerg mit Glatze, nickte kurz, ging aber nicht näher darauf ein. Vielmehr verkündete er: »Sie bekommen ein neues Projekt.« Claudia ahnte Böses. Dann fiel auch schon der Hammer: »Sie werden die ganze Internetseite neu strukturieren und zusammen mit einer Agentur ein Manual schreiben, wie unser Internetauftritt aussehen soll: Abstände des Firmenlogos von den Bildschirmrändern, Schriftart, Farben, Inhalt – das ganze Paket eben.« Claudia wurde fast ohnmächtig bei der Vorstellung, mit irgendwelchen Werbefritzen über solchen Blödsinn diskutieren zu müssen. Doch mit einigem schauspielerischen Talent entgegnete sie: »Super! Das nenne ich Job-Enrichment! Herzlichen Dank für dieses tolle Projekt!« Da konnte Alex einfach nicht mehr: Er prustete los und rannte, einen Hustenanfall vortäu-

schend, in Richtung Toilette. Während Claudia ihn innerlich verfluchte, schüttelte der Chef nur den Kopf und fragte sich, was für komische Vögel eigentlich in seinem Team saßen. »Das Projekt sollte in einem Jahr fertig sein, schaffen Sie das?« Schon drehte er sich um und hetzte zum nächsten Termin. Claudia schrie ihm hinterher: »Ja, klar, Chef ...«, und beendetet den Satz, vor sich hin murmelnd: »... ich werde in einem Jahr sowieso nicht mehr hier sein.«

In der Zwischenzeit kam Alex zurück und setzte sich wieder vor seinen Computer. Auch er hatte vor einiger Zeit begonnen, sich eigene Geschäftsideen auszudenken. War sein A4-Notizblock zu Beginn noch voller Sätze, die an Poesie auf öffentlichen Toiletten erinnerten, so machte er in der Zwischenzeit Fortschritte. Seine aktuelle Idee: Kunstausstellungen auf einem stillgelegten Friedhof. Und wenn's nicht klappen sollte, würde er halt Barkeeper in Claudias Bar.

Element 3: Die Langeweile

Das Wort selbst beschreibt treffend, worum es geht: um eine lange Weile, einen Zeitabschnitt, der lange dauert. Mit der Langeweile verbindet sich ein Gefühl von leerer Zeit und Leerheit, man ist ohne Leidenschaft, ohne Beschäftigung. Unter Langeweile versteht man im Allgemeinen ein Gefühl der Lustlosigkeit oder des mangelnden Elans: Der Arbeitnehmer verspürt keinen inneren Ansporn, etwas zu tun. Dies ist die gänzlich anonyme Langeweile, bei der es nichts Bestimmtes gibt, das dieses Gefühl hervorruft. Es ist einfach da. Langeweile am Arbeitsplatz beschreibt jedoch auch einen Zustand, in welchem man nicht weiß, was man tun soll, weil es nichts zu tun gibt. Die Arbeit ist von einem selbst oder von einem anderen Mitarbeiter bereits erledigt worden. Diese Art der Langeweile ruft beim Arbeitnehmer ein Gefühl der Ratlosigkeit oder sogar der Verzweiflung hervor, zusammengefasst in der dringlichen Frage: »Was um Himmels willen soll ich nur tun?«

Langeweile existiert nicht nur bei der Arbeit. Kinder beginnen sich zu langweilen, wenn sie sich lange mit dem gleichen Spielzeug beschäftigen. Erwachsene langweilen sich, weil sie sich im Überangebot der Unterhaltungsindustrie verloren fühlen. Doch immerhin ist man am Wochenende oder nach Dienstschluss Herr über seine Zeit, man könnte eigentlich etwas gegen die Langeweile tun: mit der Familie einen Ausflug planen, sich mit Freunden treffen, ein Buch lesen, Sport treiben, ins Kino gehen oder ein Nickerchen machen.

Genau dies ist einem bei der Arbeit verwehrt, dort man kann nicht tun oder lassen, was man will. Im Gegenteil: Man weiß, dass man etwas arbeiten soll, dafür wird man ja schließlich auch bezahlt, aber man kann einfach nicht, der innere Schweinehund hält einen davon ab. Jede Tätigkeit kostet eine Unmenge an Überwindung. Und so beginnt man, seine Aufmerksamkeit Dingen zu widmen, die in diesem Moment spannender sind – siehe Claudia und Alex. Denn sich einfach dem Gefühl der Langeweile hinzugeben, das hält niemand lange aus.

Der Arbeitnehmer wartet. Bis etwas passiert. In der Zwischenzeit beginnt er, rastlos auf dem Stuhl umherzurutschen, er beobachtet Kollegen, die völlig gestresst arbeiten, er sucht verzweifelt nach einer Tätigkeit. Er flüchtet in seine eigene Gedankenwelt, denkt an die nächsten Ferien oder daran, was er am Wochenende wohl tun könnte, er telefoniert mit seinen Freunden. Solche und ähnliche Tätigkeiten sind die einzigen Möglichkeiten, die man bei der Arbeit hat, um der Langeweile wenigstens zeitweise zu entfliehen. Schließlich kann man nicht einfach nach Hause gehen, man ist gefangen in der Zeit, die man gemäß Arbeitsvertrag mindestens bei der Arbeit verbringen muss, selbst wenn man nichts zu tun hat. Und wer es wagt, am Abend ein bisschen früher als alle anderen dem Schreibtisch den Rücken zuzukehren, dem stellen die Arbeitskollegen die unterschwellig fiese Frage: »Arbeitest du jetzt nur noch halbtags?«

Das Schlimmste an der Langeweile am Arbeitsplatz ist, dass die Zeit einfach nicht vergeht. Die Minuten werden zu Stunden, der Tag zieht sich unendlich in die Länge. Bohrende Fragen wie »Was soll ich jetzt nur tun?« oder »Wieso kann ich nicht einfach gehen?« schwirren unaufhörlich in den Köpfen umher. So geht es auch Alex.

> *»Am Nachmittag im Büro. Es ist ruhig, niemand scheint so richtig was zu tun. Kein Telefon klingelt. Meine Arbeitskollegin Claudia sitzt vor dem Computer, das Kinn auf die Hand gestützt, und macht wohl nicht sehr viel, außer interessiert auf den Bildschirm zu starren. Es ist doch immer wieder schön zu sehen, dass man mit seinen Empfindungen und mit seiner Langeweile nicht alleine ist. Ich habe zwei Probleme: Erstens langweile ich mich, ich habe nicht die leiseste Ahnung, was ich tun soll. Mein Chef? Der hetzt irgendwo im Haus umher. Er meint, er sei unersetzbar. Darum macht er alles allein, und ich leide, weil ich einfach zu wenig zu tun habe. Mein zweites Problem: Die Zeit will und will nicht vergehen. Ich schaue auf meine Uhr, es ist 13.45 Uhr. Ich beginne zu philosophieren, tauche in meine eigene Gedankenwelt ein. Dauert eine Minute manchmal länger als 60 Sekunden? Betrügt uns die Zeit? Ich kann es mir nicht anders vorstellen, denn heute kommt mir jede Minute wie eine Stunde vor. Der Sekundenzeiger tickt vor sich hin, tick-tack, regelmäßig, zu langsam. Ich lasse meine Uhr unter dem Pullover verschwinden und versuche, der Zeit aus dem Weg zu gehen. Und ich bin müde, fühle mich ausgelaugt und kann meine Augen kaum offen halten. Der Sekundenschlaf übermannt mich, ich erwache wieder, reiße meinen Kopf hoch und schaue meine Arbeitskollegen an, ob jemand mein Schläfchen beobachtet hat. In solchen Momenten mache ich Folgendes: Ich gehe auf die Toilette. Ich setze mich auf die WC-Schüssel, stütze meinen Kopf auf meinem Arm ab und dö-*

se zehn Minuten vor mich hin. Das hilft und wird, so denke ich, auch von niemandem bemerkt. Sonst sage ich einfach, ich hätte Durchfall, und die Sache ist erledigt. Ich kehre an meinen Platz zurück. Es ist genau 14.00 Uhr. Mich trifft fast der Schlag, wenn ich mir die Stunden vorstelle, die ich bis zum Feierabend noch absitzen muss. Kann ich nicht irgendwie die Zeit überlisten, ihr aus dem Weg gehen, damit ich vor Langeweile nicht verfaule? Vielleicht finde ich ja einen spannenden Artikel im Internet. Ich frage mich, wie die Arbeitnehmer vor zehn oder zwanzig Jahren ohne das World Wide Web und die tausenden von Apps die Langeweile besiegt haben. Eine grauenhafte Vorstellung. Inzwischen ist es 14.30 Uhr, eine halbe Stunde später als noch vor dreißig Minuten. Das ist doch auch was. Ich gehe wieder auf die Toilette. Dem Durchfall sei Dank.«

Wie entwickelt sich der Boreout?

Der Boreout kündigt sich nicht von heute auf morgen mit Pauken und Trompeten an. Vielmehr müssen die drei Elemente regelmäßig und über eine längere Zeitperiode hinweg ihre Wirkung entfalten. Wenn sie lediglich in geringer Ausprägung vorkommen, können sie durchaus auch positive Aspekte nach sich ziehen. So können zum Beispiel kurze Zeiten der Unterforderung und Langeweile Raum schaffen für Kreativität oder das Pflegen sozialer Kontakte im Unternehmen; begrenztes Desinteresse kann dazu führen, dass sich der Arbeitnehmer zu überlegen beginnt, was für eine Arbeit ihn wirklich interessieren würde. Zudem gibt es an jedem typischen Arbeitstag immer wieder Momente der Langeweile, Unterforderung oder des Desinteresses; jeder Arbeitnehmer hat also irgendwann während seiner Berufstätigkeit diese Elemente auf die eine oder andere Weise bereits einmal erlebt, ohne sofort am Boreout zu leiden. Und schließlich braucht es auch seine Zeit, bis der betroffene Arbeitnehmer die verschiedenen Verhaltensstrategien entdeckt und dann auch beginnt, sie konsequent anzuwenden. Wir können deshalb Folgendes festhalten:

- Ein kleiner Schwatz vor dem nächsten Meeting oder ein halbstündiger Durchhänger nach dem Mittagessen machen noch keinen Boreout aus.

- Nicht jede noch so kleine Aufgabe, die einfach oder repetitiv ist und schnell erledigt werden kann, führt automatisch zum Zustand der chronischen Unterforderung.

- Dann und wann etwas Uninteressantes tun zu müssen, gehört zum Arbeitsleben dazu und bewirkt für sich alleine genommen noch kein chronisches Desinteresse.

Problematisch wird es erst, wenn die einzelnen Elemente den Arbeitnehmer im Übermaß beinahe täglich bei der Arbeit »begleiten«. Dann erhebt der Boreout sein Haupt, und der Arbeitnehmer merkt, dass irgendwas nicht stimmt. Wir wollen dies anhand der folgenden Grafik darstellen:

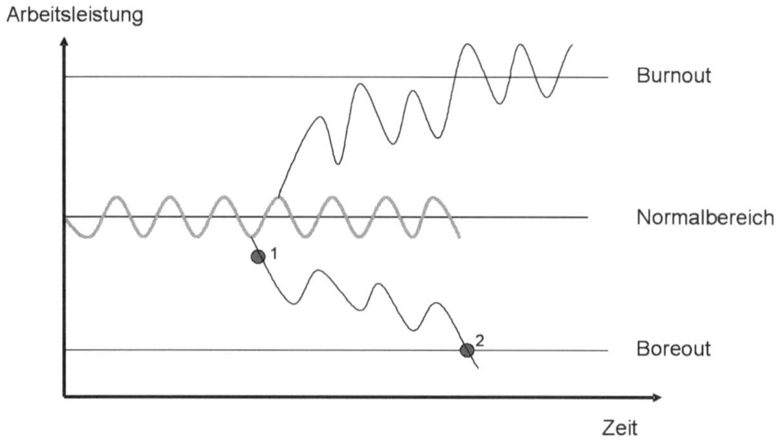

Der Normalbereich zeigt einen Arbeitnehmer, der grundsätzlich zufrieden ist mit seiner Arbeit, sich manchmal ein bisschen langweilt, manchmal aber auch mehr Arbeit erledigen muss. Er ist zufrieden, seine Arbeit fordert ihn heraus, sie interessiert ihn, und das Umfeld stimmt ebenfalls. Kurz: So ziemlich die Idealvorstellung einer erfüllenden Arbeit.

Ab Punkt 1 merkt der Arbeitnehmer, dass etwas nicht in Ordnung ist: Er ist oft nicht ausgelastet, und die Momente der Langeweile häufen sich. In der Magengegend macht sich beim Gang zur Arbeit regelmäßig ein mulmiges Gefühl breit, die Aussicht, den ganzen Tag im Büro verbringen zu müssen, ist etwa so motivierend wie Steuern zu zahlen.

Der Boreout entwickelt sich schleichend: Der Arbeitnehmer beginnt, die Verhaltensstrategien anzuwenden, um sich die Arbeit vom Leibe zu halten, weil er langsam, aber sicher seine Motivation verliert. Er ist jetzt wie ein Baum, an dem sich erste Borkenkäfer vergnügen: Noch sieht man fast nichts, die Käfer befallen den Baum langsam. Wie der Baum befindet sich der Arbeitnehmer in einer Entwicklungsphase und gerät, unbewusst zu Beginn, immer tiefer in die Misere. Bei Punkt 2 ist der Baum von den Käfern richtig befallen, und jeder aufmerksame Förster würde ihn zum Fällen freigeben. So ähnlich geht es dem Arbeitnehmer mit seinem Boreout – mit einem erheblichen Unterschied: Er muss sein Problem selbst lösen, während der Förster den Baum von seinem Leid befreit. Der Arbeitnehmer ist an einem Punkt angekommen, an welchem es ihn voll erwischt hat und er eindeutig am Boreout leidet: Seine Unzufriedenheit ist enorm, gleichzeitig beherrscht er die Anwendung der typischen Verhaltensstrategien perfekt und hält damit den Zustand der Unzufriedenheit am Leben.

Der zeitliche Ablauf einer typischen Boreout-Karriere ist von Person zu Person verschieden: Der Boreout wird individuell erlebt.

Während der eine im Schnellzugtempo in den Boreout rast, ist es beim anderen ein langsamer, aber stetig voranschreitender Prozess. Auch die Intensität des Boreout, das heißt wie der Arbeitnehmer den Boreout tagtäglich erlebt, ist nicht immer dieselbe.

Abgrenzungen

Es ist eine Krux mit dem Kauderwelsch der Betriebswirte. Manchmal erinnert uns das an den bekannten Begriff Bullshit und an den großen Bluff: Heute muss nämlich alles seinen spezifischen und möglichst komplexen Namen haben, ansonsten wird man nicht wahrgenommen. Manchmal sind sie aber ganz nützlich, die Fachbegriffe, welche die auftauchenden Probleme in der Arbeitswelt kurz und prägnant beschreiben. Dies hat erwiesenermaßen den Vorteil, dass jedermann (außer bei sehr fachspezifischen Floskeln und Abkürzungen) sofort weiß, worum es geht. Die Begriffsbestimmung macht es möglich, das eine vom anderen inhaltlich abzugrenzen. Genau dies möchten wir hier tun und fangen gleich mit der Abgrenzung zum wohl naheliegendsten Begriff an: der Faulheit.

Boreout ist nicht gleich Faulheit

Sie könnten nun denken, wir hätten bei der Beschreibung des Boreout ein wesentliches Element vergessen: die Faulheit. Doch da gehen Ihre Gedanken in die falsche Richtung. Der Boreout ist zwar mit der Faulheit verwandt, aber er ist in seiner Ausprägung und in seinen Ursachen nicht mit ihr vergleichbar. Faule Menschen werden mit großer Wahrscheinlichkeit am Boreout leiden, und dies schneller als andere. Sie sind deswegen als faul zu bezeichnen, weil sie Aufwände scheuen, sie haben eine natürliche Veranlagung, bei der Arbeit möglichst wenig zu tun. Zudem beginnen sowohl faule wie auch vom Boreout betroffene Arbeitnehmer, sich bei der Arbeit freie Zeit für sich selbst herbeizuwünschen, und entwickeln Strategien, um ausgelastet zu wirken und sich zusätzliche Arbeit möglichst vom Leibe zu halten. Es gibt jedoch einen wesentlichen Grund, weshalb Faulheit bei der Arbeit nicht dasselbe wie Boreout ist:

> Arbeitnehmer, die an Boreout leiden, sind faul gemacht worden.

Was heißt das? Nichts anderes, als dass es äußere Umstände gibt, welche einen Arbeitnehmer faul oder träge werden lassen. Vom Boreout betroffene Arbeitnehmer sind demnach nicht von Natur aus faul, sie haben nicht unbedingt eine innere Veranlagung zum Faulsein. Wir werden bei den Ursachen des Boreout noch tiefer auf diese äußeren Umstände eingehen. Hier nur so viel: Der Boreout ist ein komplexes Phänomen, bei welchem verschiedene Ursachen zusammentreffen. Es ist nicht einfach zu bestimmen, welcher Faktor die Hauptschuld am Boreout tragen könnte. Möglicherweise tut der Betroffene das grundsätzlich Falsche, oder er arbeitet am falschen Ort. Faulheit ist vielmehr ein Symptom als ein Teil des Boreout. Das Zusammenspiel verschiedener äußerer Umstände reißt Betroffene in einen Boreout-Strudel und lässt ihn faul werden. Aber Achtung: Wie wir inzwischen schon wissen und noch genauer betrachten werden, trägt auch der Arbeitnehmer selbst dazu bei, den Boreout am Leben zu erhalten

Mobbing in den Boreout

Da wäre zum anderen der Begriff Mobbing. Beim Mobbing geht es darum, Mitarbeiter oder Arbeitskollegen am Arbeitsplatz auf gezielte Art und Weise fertigzumachen. Uns interessiert hier speziell (und wir sind froh, einen weiteren Begriff ins Spiel bringen zu können) das Bossing beziehungsweise das Downward Bullying, womit das Mobbing seitens des Vorgesetzten gemeint ist. Der Vorgesetzte missbraucht in diesem Falle seine hierarchische Stellung und schikaniert den Untergebenen auf unfaire und hinterhältige Art und Weise, wie das folgende Beispiel von Herrn Simmler zeigt:

Herr Simmler ist erst vor einigen Wochen neu ins Team von Herrn Engler gestoßen, über eine interne Versetzung, da Herrn Simmlers früheres Team aufgelöst wurde. Daher war auch zu Beginn nicht ganz klar, was denn Herr Simmler genau zu tun haben würde. Zudem war Herr Engler nicht gerade erfreut über seinen neuesten Mitarbeiter – er war im Unternehmen nicht gerade als Philanthrop verschrien. Herr Simmler hatte immer wieder den Eindruck, von Herrn Engler links liegen gelassen zu werden – aber er war sich nicht ganz sicher: War es alles nur Einbildung oder hat das Gefühl Hand und Fuß?

Eines Tages – Herr Simmler hatte wieder einmal nichts zu tun – sagte er zu seinem Vorgesetzten: »Ich bin momentan nicht ausgelastet und könnte Sie gut bei der Erstellung der Jahresendpräsentation unterstützen«, worauf ihm dieser auf schnoddrige Art und Weise entgegnete, dass es schon gut sei, er käme damit schon selbst zurecht. Aber Simmler könne ja einmal im Archiv die noch ungeordneten Akten sichten und sich dabei gerade auch noch ein Bild der früheren Arbeiten dieser Abteilung machen.

Eine lange Woche später meldet Herr Simmler, im Archiv sei alles in Ordnung: »Brauchen Sie sonst noch Unterstützung?« »Wie gesagt, Herr Simmler, nein danke, im Moment nicht. Ich kann ja auch nichts dafür, dass Sie neu in meinem Team sind, wo die Aufgaben schon vergeben sind. Das braucht eben seine Zeit – ich muss jetzt gehen. Lassen Sie uns nächste Woche mal weiterschauen.« Herr Engler ist sichtlich verärgert ob der Situation, gibt Herrn Simmler jedoch, wonach er verlangt: »Simmler, erstellen Sie mir jetzt bitte den Draft für die Jahresendpräsentation. Schaffen Sie das bis Freitag?« Herr Simmler antwortet leicht irritiert: »Das ist nun aber ein sehr enger Zeitplan, heute ist ja immerhin schon Mittwoch …, und zudem dachte ich mehr, dass ich Sie dabei unterstützen würde – ich habe das vorher noch nie gemacht.«

Herr Engler zischt leicht verärgert zurück: »Schauen Sie, Herr Simmler, das hier ist kein Streichelzoo. Wenn Sie mir jetzt nicht helfen wollen, lassen Sie es eben bleiben.«

Sie finden das unrealistisch? Wir sind solchen oder ähnlichen Situationen in der Praxis oft begegnet. Herr Simmler erhält keine Arbeit, wobei ihm Herr Engler klar zu verstehen gibt, dass er nicht daran denkt, bestehende Strukturen und Arbeitsverteilungen zu ändern – lieber schickt er Herrn Simmler ins Archiv und delegiert somit die wohl langweiligste Arbeit, die es in seinem Team überhaupt gibt.

Er delegierte eine anspruchsvollere Tätigkeit just in dem Moment, als er wusste, dass Herr Simmler versagen würde – weil er die Kenntnisse nicht hatte, und weil ihm Herr Engler über Wochen die Möglichkeit vorenthalten hatte, die Präsentation mit genügend zeitlicher Reserve (und somit der Möglichkeit des Lernens) zu erstellen. Wir sehen also ganz klar:

Trotz wöchentlichem Nachfragen über Wochen und Monate hinweg wurde Herr Simmler von seinem ihm nicht wohlgesinnten Vorgesetzten in die Unterforderung, die Unzufriedenheit gemobbt. Bewusstes Vorenthalten von Arbeit, bewusstes Delegieren nur der unterfordernden, langweiligen Tätigkeiten, ja, dies ist Mobbing. Und dieses Mobbing wird somit zu einer gefährlichen Ursache des Boreout.

Boreout und innere Kündigung – das Gleiche?

Boreout ist also nicht das Gleiche wie Mobbing. Und wie steht es mit dem nächsten Fachbegriff, der »inneren Kündigung«? Bei ihr geht es um enttäuschte Erwartungen, fehlende Anerkennung und um eine breite Arbeitsunzufriedenheit: Das sind einige der Gründe für eine innere Kündigung.

Hat nun ein Arbeitnehmer, der am Boreout leidet, automatisch auch innerlich gekündigt?

Leidet ein Arbeitnehmer, der innerlich gekündigt hat, auch automatisch am Boreout?

Die Antwort ist in beiden Fällen: Nein. Zwar sind die Ursachen ähnlich, in beiden Fällen kommt es zu ähnlichen Folgen: Dienst nach Vorschrift oder innere Distanz. Aber innere Kündigung und Boreout, das ist trotzdem nicht dasselbe. Denn:

Jemand, der im Boreout-Schlamassel steckt, ist unterfordert und versucht, dies zu verheimlichen . Dienst nach Vorschrift ist in diesem Sinn nicht unbedingt Protest, sondern eher die natürliche Folge der Unterforderung. Boreout-Betroffene genießen am Anfang das Nichtstun und merken nicht, dass sie sich täuschen in der Annahme, es sei toll, bei der Arbeit nicht zu arbeiten. Die innere Kündigung kann nach einer gewissen Zeit, eine bewusste oder unbewusste Folge sein: Aber erst dann, wenn der Boreout-Betroffene realisiert, dass seine Unterforderung ein Problem ist. Jemand, der eine hohe Leistung erbringt, aber dafür eine tiefe Belohnung erhält, kündigt innerlich. Er geht auf Distanz zum Unternehmen, weil er enttäuscht wurde und er reduziert seine Arbeitsleistung, um das Gleichgewicht wieder herzustellen. Diese Distanz muss nicht auf Unterforderung basieren, kann es aber. Ein Mitarbeiter, der innerlich gekündigt hat, kann durch plötzliche Passivität auffallen: Diese Passivität ist bewusst oder unbewusst ein Schritt des Arbeitnehmers und kann nicht mit dem Nichtstun, das im Zusammenhang mit dem Boreout entsteht, verglichen werden.

Also: Beim Boreout sinkt die Arbeitsleistung wegen Unterforderung, die innere Kündigung kann eine Folge davon sein. Bei der inneren Kündigung versucht man, das als ungerecht empfundene Gleichgewicht zwischen Arbeitseinsatz und Belohnung wiederherzustellen, indem man die Arbeitsleistung senkt. Die Folge davon können Unterforderung und Boreout sein.

Ganz einfach gesagt: Wenn Sie innerlich gekündigt haben, wollen Sie zwar im Unternehmen bleiben (sonst würden Sie ja offiziell kündigen), aber die Entwicklung läuft darauf hinaus, dass Sie das Unternehmen erst mittelfristig verlassen werden, wenn sich Ihre Arbeitsunzufriedenheit bemerkbar macht. Die Ursache liegt in der mangelnden Anerkennung. Wer hingegen an einem Boreout leidet, ist unterfordert und versucht, dies zu verheimlichen. Die Ursache liegt im gebrochenen Versprechen betreffend qualitativer und quantitativer Arbeitserwartung.

Exkurs: Willkommen in der Realität, liebe Kritiker

Nur wer ernst genommen wird, hat Kritiker. Und wer kritisiert wird, wird auch ernst genommen. Deshalb wollen wir unseren Kritikern zuallererst von Herzen danken. Sie haben mit ihren Einwänden und Bedenken gezeigt, dass man es auch anders sehen kann und eine kritische Auseinandersetzung in Gang gebracht - und diese Kritiken wollen wir Ihnen, die in der Realität tagtäglich mit dem Boreout konfrontiert werden, nicht vorenthalten. Oft sind diese Kritiker leider in ihrer eigenen, realitätsfremden Welt gefangen. Denn sie nehmen nicht nur Betroffene nicht ernst, sondern verschliessen ihre Augen auch vor Führungsfehlern und falschem Management. Sie blenden aus Dünkelgründen eine Realität aus und beantworten die simple Frage nicht: Wieso bekommt jemand, der arbeiten will, keine Arbeit?

Natürlich ist nicht überall Boreout drin, wo Boreout drauf steht – nicht jegliche Unzufriedenheit oder jedes Nichtstun ist ein Boreout; es gibt sie, die Ausnahmen. Denken wir beispielsweise an *die Besserwisser*. Diese Kollegen sind per se unzufrieden mit dem Vorgesetzten, dem Unternehmen, mit sich selbst, ihrer Mutter und überhaupt mit der ganzen Welt. Diesen Leuten könnte man eine Lohnerhöhung von 100 Prozent geben, sie würden wieder etwas zum Meckern finden. Sie haben mit dem Begriff Boreout einfach eine neue Plattform gefunden: War es früher der Stress, ist es heute zu wenig Arbeit, über die sie sich beschweren. Das Problem sind sie selbst – ihnen kann man es nie recht machen.

Dann gibt es *die Faulen*. Faule Menschen wollen nicht arbeiten, vom Boreout Betroffene jedoch sehr wohl – aber man lässt sie nicht, sie werden vielmehr faul gemacht - das ist der kleine, aber feine Unterschied. Boreout ist nicht – wie dies einige fachfremde Kritiker zu formulieren versuchen – die Pathologisierung der Faulheit. Faule Leute wollen kassieren und so wenig wie möglich arbeiten, dafür aber ihre Arbeitskollegen umso mehr schuften lassen. Mit aller Deutlichkeit: Solche Leute gehören gefeuert, denn sie schaden nur.

Was aber kritisieren unsere Kritiker nun genau? Was passt ihnen am Boreout nicht? Wieso hadern sie mit der Realität? Zum einen fehle die wissenschaftliche Basis, sagen sie. Das ist einerseits realitätsfremd, andererseits falsch. Denn es gibt viele Untersuchungen, die Unterforderung belegen – die aufzeigen, dass weit über 20 Prozent der Arbeitstätigen gelangweilt sind und täglich mehrere Stunden nicht arbeiten. Und es gibt ihn noch, den gesunden Menschenverstand. Wer die Augen nicht verschließt, wird sogar ohne empirische Grundlage merken, dass an vielen Orten Arbeit vorgetäuscht wird. Es gibt qualitative Aussagen zum Boreout (zum Beispiel, worum es genau geht und welche Folgen das Problem haben kann) und es gibt quantitative Aussagen (zum Beispiel, wie viele Menschen davon in einem bestimmten Sektor betroffen sein könnten). Wir haben immer qualitative Aussagen gemacht, die auf unseren eigenen – empirischen – Untersuchungen basieren. Und wir haben quantitative Schätzungen zum Boreout abgegeben, die auf Untersuchungen zu Unterforderung basieren, die seit Jahren regelmäßig durchgeführt werden – und in Bezug auf Bindung zum Unternehmen, Zufriedenheit sowie Auslastung regelmässig vernichtende Werte liefern. Es ist ganz einfach: Es gibt ihn, den Boreout. Das wissen wir, weil wir Betroffene ernst nehmen. Und wir schätzen nach wie vor, dass 15 bis 20 Prozent der Arbeitnehmer im Dienstleistungsbereich davon betroffen sind

Zum anderen handle es sich beim Boreout um ein reines »Wortgeklingel«, um alten Wein in neuen Schläuchen. Das hört sich dann konkret etwa so an: »Boreout ist der Entschuldigungsversuch von Faulenzern und Jammerlappen«, wie ein Online-Journalist des Boulevard-Job-Portals karrierebibel.de das auf den Punkt bringen wollte. Andere »Fach«-Experten sogar aus dem Bereich der Immun-Biologie wiederum finden, es handle sich beim Boreout um einen Hoax, also um einen gut erzählten, von einem schalkhaften Lächeln begleiteten Scherz. Das ist nun schon ein perfiderer Versuch, den Betroffenen die Hilfe zu verwehren. Denn erst durch die Wortkreation konnten wir das Tabu brechen, dass man über das Nichtstun am Arbeitsplatz nicht sprechen darf; nicht mit den gestressten Arbeitskollegen, ganz zu schweigen mit dem Vorgesetzten, der unfähig ist, genügend Arbeit zu verteilen. Der große Bluff wird zum ersten Mal auf breiter Basis diskutiert. Etwas, an dem eigentlich auch kritische Zeitgenossen ihre Freude haben sollten. Nicht, dass jeder, der einen Boreout hat, sofort zum Psychologen rennen und sich mit Psychopharmaka vollpumpen müsste. Aber es lässt sich ohne Übertreibung behaupten, dass ein Betroffener nicht gerade wie eine Rose aufblüht angesichts seines Nichtstuns bei der Arbeit. Ob die Kritik »Wortgeklingel« damit zusammenhängt, dass der Begriff nicht aus der Psychologie, sondern aus der Betriebswirtschaft stammt, wissen wir nicht. Fakt ist: Erst mit der Begriffsdefinition können unterforderte und unzufriedene Arbeitnehmer über ihre Situation sprechen. Und mit diesem Begriff wird ebenfalls klar, dass die Vorgesetzten hier eine wichtige Rolle spielen und in ihrer Führungsverantwortung oftmals versagen. Was vorher nur vermutet und vage umschrieben wurde, kann nun mit einem Wort kurz und prägnant benannt werden.

Wie gesagt: Wir danken unseren Kritikern und auch wenn wir also die kritischen Beiträge schätzen, gilt doch weiterhin die einfache Grundregel: Wer falsch liegt, liegt nun mal falsch.

Die Boreout-Strategien

Sie kennen jetzt die drei Elemente des Boreout. Ein weiterer integraler Bestandteil des Boreout sind die Strategien, die wir auf den folgenden Seiten näher beschreiben wollen.

Fassen wir zusammen: Ein gefährdeter Arbeitnehmer schlittert langsam und nicht von heute auf morgen in den Boreout. Doch bereits wenn er merkt, dass irgendetwas nicht stimmt, beginnt er, sich unzufrieden zu fühlen, und ist nicht mehr motiviert. Er distanziert sich emotional von der Arbeit, er hat keine Lust mehr, sich zu überanstrengen oder überhaupt viel arbeiten zu müssen.

Das Problem ist jedoch, dass er diese Unlust zu arbeiten nicht offen zeigen kann, denn den Job will er ja auch nicht verlieren. Deshalb beginnt er so zu tun, als ob er arbeiten würde; dabei unterstützen ihn strategische Verhaltensweisen, die helfen, beschäftigt zu wirken.

Sie haben zwei Ziele:

- Sich zusätzliche Arbeit wenn immer möglich vom Leibe zu halten.
- Zu freier Zeit am Arbeitsplatz zu kommen und diese für seine persönlichen Interessen nutzen zu können.

Es gibt Dutzende solcher Strategien, von denen wir hier einige Beispiele vorstellen. Zunächst geht es um zwei einfache, aber bekannte und überaus wirksame Vorgehensweisen: die *Dokumenten-Strategie* und die *Pseudo-Commitment-Strategie*. Im ersten Fall sitzt der

Arbeitnehmer vor seinem Computer, surft im Internet und plant seine nächsten Ferien. Sein Ziel ist, ausgelastet zu erscheinen, damit er genug Zeit hat, die verschiedenen Angebote im Internet zu analysieren und zu vergleichen. Sollte nun sein Chef vorbeikommen, kann er auf zwei Möglichkeiten zurückgreifen, um den Anschein zu erwecken, mit seiner Arbeit beschäftigt zu sein: Entweder hat er den Printout irgendeiner Präsentation oder eines Projektpapiers auf dem Tisch liegen, der sofort zur Hand ist, um irgendetwas draufschreiben zu können und so zu vermitteln, wie beschäftigt er ist. Oder diese Präsentation ist auf dem Bildschirm geöffnet, und er kann im Bruchteil einer Sekunde mit einem einfachen Tastenbefehl die Bildschirmansicht von der Feriendestination zur Arbeitspräsentation wechseln; das erklärt dann auch den konzentrierten Blick auf den Bildschirm.

Mit der Pseudo-Commitment-Strategie täuscht man Identifikation mit dem Unternehmen vor. Das geht am einfachsten über eine sinnlose Verlängerung der Präsenzzeit am Arbeitsplatz. Wenn Sie als erste Person am Morgen anwesend sind und am Abend fast als Letzter gehen, erwecken Sie den Eindruck, ziemlich viel zu tun zu haben. Das beeindruckt auch die, die noch länger als Sie arbeiten. Entweder leiden diese Kollegen auch am Boreout und treiben diese Strategie auf die Spitze, oder sie sind Opfer des Burnout und meinen es ernst mit ihrer Präsenz. Wie auch immer: Die Pseudo-Commitment- Strategie gehört zum guten Ton, denn nichts fällt negativer auf, als spät am Morgen zu kommen und früh des Abends wieder zu entschwinden.

Die Komprimierungsstrategie

Komprimieren heißt, voll konzentriert und hypereffizient zu arbeiten und an einer Aufgabe nicht stunden- oder gar tagelang herumzuwerkeln. Das Ziel der Strategie ist, eine Aufgabe so rasch wie möglich zu erledigen und etwa eine vom Chef gesetzte Deadline deutlich zu unterschreiten. Gleichzeitig wird dem Vorgesetzten aber nicht mitgeteilt, dass die Arbeit bereits vollbracht ist. Warum? Damit der Arbeitnehmer bis zum eigentlichen Abgabetermin genügend Zeit hat, sich wieder seinen privaten Dingen widmen oder unbeschwert mit seinen Arbeitskollegen plaudern zu können.

Die Komprimierungsstrategie hat verschiedene Vorteile: Sollte der Chef die Deadline wider Erwarten vorverlegen, kann der Arbeitnehmer ohne Mühe die Früchte seiner bereits fertigen Arbeit präsentieren. Weiterhin gibt sie ihm die Möglichkeit – wenn er sich beispielsweise in seiner gewonnenen freien Zeit langweilt –, dem Vorgesetzten seine Arbeit einen Tag früher zu präsentieren und sich auf diese Weise als effizienten Mitarbeiter darzustellen. Diese Strategie erlaubt es also, die Erwartungshaltung der anderen an die eigene Arbeitsleistung eigenhändig zu steuern. Und schließlich die wichtigste Feststellung: Die Lücke zwischen kommunizierter und tatsächlicher Arbeitsbelastung fällt nicht auf, sodass der Arbeitnehmer sein Ziel, während der Arbeit Zeit für sich zu haben, erreicht, ohne dabei entdeckt zu werden.

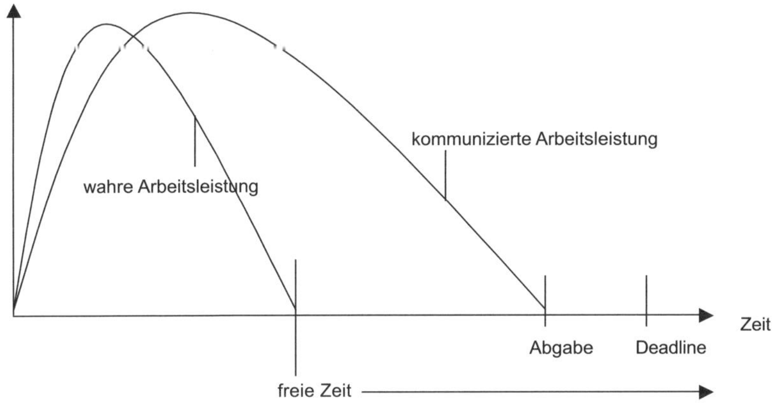

Die Flachwalzstrategie

Diese Strategie basiert auf der Absicht, das vorhandene Arbeitsvolumen – wie der Name schon sagt – flachzuwalzen. Anders ausgedrückt: Die Arbeit wird auf eine viel längere Zeit verteilt, als zu deren Erfüllung eigentlich nötig wäre. Ein langfristiges Projekt eignet sich hervorragend für diese Strategie. Die Zeitspanne, innerhalb deren eine Aufgabe erledigt sein muss, wird ohne Not vollständig ausgeschöpft. Das Flachwalzen äußert sich darin, dass Dokumente hin- und hergeschoben und alle paar Stunden um ein wenig Inhalt ergänzt werden. Oder sie liegen einfach während Tagen oder Wochen auf dem Pult herum, ohne dass der Arbeitnehmer sich wirklich darum kümmert. Er widmet sich jedoch in regelmäßigen Abständen immer wieder ein bisschen der Arbeit, um jederzeit etwas vorweisen und zum Schluss seine Resultate zur Zufriedenheit aller präsentieren zu können. In der Zwischenzeit jedoch gönnt er sich kleinere (oder vielmehr größere) Pausen, in denen er alles Mögliche erledigt. Auch bei dieser Strategie vermittelt der Arbeitnehmer, ausgelastet zu sein und keine Zeit für zusätzliche Aufgaben zu haben. Denn die Flachwalzstrategie basiert auch darauf, dass wir für Aufgaben zu viel Zeit zur Verfügung haben. Vielleicht hat der Arbeitnehmer auch einfach keine Lust, schnell zu arbeiten, sondern möchte vielmehr schön langsam, Schritt für Schritt, vor sich hin werkeln.

Diese Strategie funktioniert, wenn die eigene Arbeitsleistung vom Chef oder den anderen Teamkollegen immer als effizient wahrgenommen wird: »Alex ist einer unserer effizientesten Mitarbeiter: Wenn er für diese Aufgabe zwei Wochen braucht, dann geht es einfach nicht schneller!« Dann wird nämlich niemand daran zweifeln, dass der Arbeitnehmer wirklich ausgelastet ist. Es geht also auch hier wieder um ein Spiel mit der Erwartungshaltung der anderen. Damit die Strategie am Ende vom Erfolg gekrönt ist, muss das Resultat der Arbeit rechtzeitig und in erwarteter Qualität abgeliefert werden.

Womit der Arbeitnehmer bis zu diesem Zeitpunkt den Großteil seiner Zeit verbringt, kann er selbst bestimmen.

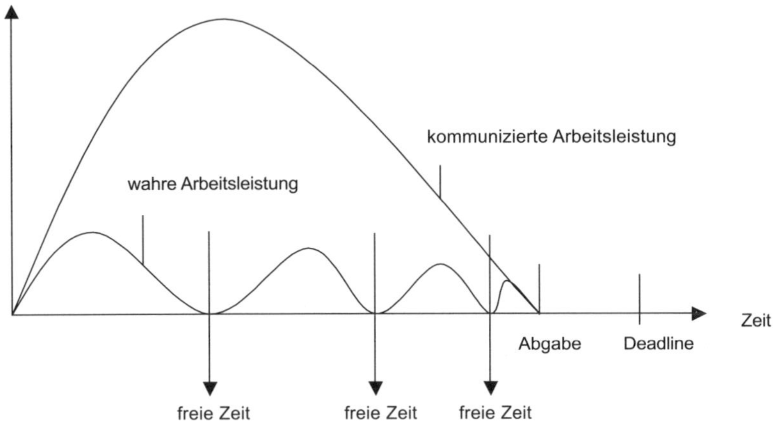

Die strategische Verhinderung

Hier geht es darum zu verhindern, dass jemand (ein Mitarbeiter oder ein Kunde) Maßnahmen ergreifen könnte, durch die der Arbeitnehmer zum sofortigen Handeln gezwungen wäre. Ziel ist nicht, die Arbeit nicht zu erledigen. Mit dieser Strategie wird jedoch der Zeitpunkt der Arbeitserledigung manipuliert, sie provoziert eventuelle Verschiebungen im Arbeitsprozess und schiebt Verzögerungen auf andere ab. Das tut der Arbeitnehmer dann, wenn er etwas erledigen muss, aber einfach keine Lust dazu hat oder ihn seine Aufgabe nicht interessiert. Sie funktioniert folgendermaßen:

Der Arbeitnehmer hat etwa den Auftrag, mit einem Kollegen in Kontakt zu treten, um einen weiteren Schritt im gemeinsamen Projekt in Angriff zu nehmen. Dazu hat er aber keine Lust, er möchte den Beginn der Arbeiten möglichst hinausschieben, auch wenn es nur einige Stunden sind. Um das zu erreichen, muss er wissen, wann sein Kollege in einem Meeting sitzt oder aus anderen Gründen abwesend ist. So etwas ist in den allen zugänglichen elektronischen Kalendern der Firmen nachzulesen. Derjenige, der den Arbeitsbeginn aus strategischen Gründen verhindern möchte, ruft nun genau zu dem Zeitpunkt an, von dem er weiß, dass der Kollege abwesend ist. Er lässt ihm einen Gruß ausrichten, um so seine Bereitschaft zu dokumentieren, an dem Projekt weiterarbeiten zu wollen – ohne es tatsächlich jetzt schon zu müssen. Diese Strategie funktioniert deshalb, weil natürlich niemand davon ausgeht, dass man den Zeitpunkt eines solchen »vergeblichen« Anrufs strategisch wählt. Doch der Arbeitnehmer geht planmäßig vor, verschafft sich so freie Zeit. Klar: Die Arbeit wird er erledigen müssen, doch er findet es hilfreich, das Unvermeidliche erst später tun zu müssen.

Machen wir hierzu ein kleines Quiz: Ein Arbeitnehmer schreibt einem Kunden am Freitagnachmittag eine E-Mail mit einem Projektvorschlag. Am Schluss des Textes wollte er eigentlich folgenden Satz schreiben: »Ich bin heute ab 15 Uhr wieder erreichbar, wenn Sie noch Fragen oder Änderungsvorschläge haben.« Kurz bevor er die E-Mail losschickt, löscht er jedoch diesen Satz und wünscht dem Kunden lediglich ein schönes Wochenende.

Nun zur Frage: Aus welchen zwei Gründen hat der Arbeitnehmer den Satz gelöscht? Was denken Sie?

Hier die Lösung:

- Der Kunde könnte meinen, es lohne sich doch noch, das Thema vor dem Wochenende zu besprechen. Also könnte er anrufen, und der Arbeitnehmer müsste mit ihm reden.

- Der Kunde könnte Änderungswünsche haben, die er sofort, also noch vor dem Wochenende, umsetzen oder zumindest in die Wege leiten müsste.

Sie haben es bestimmt bemerkt: Dass die E-Mail überhaupt erst am Freitagnachmittag geschrieben wurde, ist das Resultat einer langen Planung. Denn die Wahrscheinlichkeit, dass der Kunde sich so kurz vor dem Wochenende intensiv mit der Materie auseinandersetzen wird, ist relativ klein. Und der Arbeitnehmer erreicht sein Ziel: sich erst in der folgenden Woche um das Projekt und den Kunden kümmern zu müssen.

Die Aktenkofferstrategie und der HOL

Diese Strategie hilft dabei zu kommunizieren, dass die Arbeit, die während des Tages wegen »zu viel Stress« liegen geblieben sei, am Abend zu Hause erledigt werde. Wer die Aktenkofferstrategie anwendet, der täuscht zwei Dinge vor:

- Ihm sei seine Arbeit so wichtig, dass er sogar in seiner Freizeit noch arbeitet. Er demonstriert also gleichzeitig Interesse wie auch eine enge Verbundenheit mit dem Unternehmen, die an der Bürotür nicht aufhört, sondern bis nach Hause reicht. Diese Verbindung nennen wir den Home-Office-Link (HOL).

- Er sei unglaublich ausgelastet bei der Arbeit und habe zudem eine wichtige Position inne, denn nur wichtige Leute müssen sogar abends noch arbeiten.

Hier kommt wieder einmal Alex ins Spiel. Er beobachtet auf seinem Weg zur Arbeit die Mitreisenden im Zug und im Bus, insbesondere die eleganten Herren im Anzug. Die meisten lesen irgendeine Zeitung, die sie aber nicht einfach so in der Hand von zu Hause mitnehmen. Es lüftet sich … das Geheimnis des schwarzen Aktenkoffers:

> *»Seit Jahren schon pendle ich mit dem Zug zur Arbeit. Nicht weil ich besonders umweltbewusst bin, sondern weil es einfacher*

und schneller ist und weil ich in Ruhe meine Zeitung lesen kann. Ich fühlte mich jedoch schon von Anfang an als Außenseiter, ich war irgendwie anders als meine Mitreisenden, etwas fehlte. Es war ein Aktenkoffer. Ich frage mich immer wieder zwei Dinge: erstens, was für eine Arbeit diese Menschen wohl haben. Sie müssen wichtig sein, wenn sie sogar zu Hause noch weiterarbeiten, nachdem sie schon mindestens acht, wenn nicht gar mehr Stunden im Büro verbracht haben. Da ich niemals Arbeit mit nach Hause nehme, zweifle ich manchmal an mir: Mache ich etwas falsch und bin ich einfach zu wenig wichtig in dieser Arbeitswelt? Und zweitens würde mich interessieren, was sie denn alles mit sich herumtragen: geheime Projekte, ausgedruckte, noch nicht bearbeitete E-Mails und Marktstudien? Auf alle Fälle wird auch zu Hause noch eine Menge Arbeit geleistet, wie mir scheint! Ich bin beeindruckt. Es gibt die Aktenkoffer in verschiedenen Varianten, billig oder teuer, braun oder schwarz. Die Message ist bei allen gleich: ›Ich bin auch am Abend für mein Unternehmen da‹ oder ›Wichtige Arbeit kennt keine fixen Arbeitsstunden‹. Zudem scheint diese Wichtigkeit ein geschlechterspezifisches Phänomen zu sein, denn Frauen sieht man sehr selten mit solchen Aktenkoffern; ich kann mir aber mit bestem Willen nicht vorstellen, dass nur Männer gute Manager sein sollen … Auch im Büro beobachte ich, dass viele Kollegen mit einem Koffer zur Arbeit kommen und damit auch wieder gehen, aber es gelang mir noch nie, einen Blick hineinzuwerfen. Und dabei kann ich mir nicht vorstellen, dass sich mein Arbeitskollege Frank auch nur eine Minute länger mit der Arbeit beschäftigt als wirklich nötig. Eines Abends, ich war auf dem Heimweg und musste im Supermarkt noch etwas einkaufen, stand ein Aktenkoffer-Mann vor mir an der Kasse. Er bezahlte eine Banane, ein kleines Brot und Milch. Und ehe ich mich's versah, öffnete er seinen Koffer. Was für eine Enttäuschung. Der Koffer war leer! Der gut gekleidete Aktenkoffer-Mann bemerkte meinen Blick, nachdem er seine Einkäufe in den Koffer gelegt hatte, zupfte ungeduldig an seiner Krawatte und wollte mit seinem Blick wohl etwas sagen wie ›Normalerweise sind hier immer wichtige Akten drin‹. Da erkannte ich: Es gibt die Aktenkofferstrategie beziehungsweise den HOL.«

Der HOL wird zum Symbol des Beschäftigtseins, auch wenn dann manchmal nur ein Bananenmanagement zum Inhalt der »Arbeit« wird. Der Vorteil dieser Strategie: Kontrolle ist nahezu unmöglich. Niemand, nicht einmal der Chef, kann überprüfen, welche Arbeit sein »motivierter« Mitarbeiter mit nach Hause nimmt. Das spielt jedoch auch keine Rolle: Hauptsache, es sieht gut aus und kommuniziert die Hingabe zur und das Interesse an der Arbeit, ja sogar das Opfern der Freizeit. Natürlich ist es eine Illusion zu glauben, dass ein Boreout-Betroffener abends noch arbeitet. Die Arbeit, die anfällt und liegen bleibt, wird im Büro erledigt – einen Tag später.

Exkurs: Wenn der Boreout versteckt Sitzungen leitet

An einer Sitzung teilzunehmen ist keine eigentliche Boreout-Strategie, denn es hängt zumeist von anderen ab, ob man dabei sein muss oder nicht. Man kann eventuell die Verhinderungsstrategie anwenden und das Unvermeidliche ein wenig herauszögern, aber um eine Teilnahme kommt man am Ende nicht herum. Eine Sitzung ist jedoch ein Ort, wo man sich dem Boreout in aller Ruhe hingeben kann, denn es gibt sehr viele davon, und sie dauern jeweils lange, meist zu lange. Der Boreout verlängert Sitzungen künstlich und macht sie unproduktiv, da viele Leute, die an einem Meeting teilnehmen, eine »hidden agenda«, ein verstecktes, eigentliches Anliegen haben. Sie wird viel mehr von ihrem Boreout als vom Ziel, das Meeting zu einem guten Gelingen zu bringen, bestimmt.

Auch unser Alex erinnert sich an eine typische Boreout-Sitzung. Er durfte damals das Protokoll schreiben: Für ihn eine langweilige und wenig herausfordernde Arbeit, aber es war durchaus spannend, die Teilnehmer zu beobachten. Er lächelt, als er sich daran erinnert, wie die Sitzung abgelaufen ist:

Es ist 16.00 Uhr. Folgende Personen eines mittelgroßen Kühlgeräteherstellers treffen sich, um die Markteinführung einer neuen Serie von Camping-Kühlschränken zu besprechen:

- Monika, die Leiterin der Marketingabteilung,
- Stephan, ihr Stellvertreter,
- David, der Leiter der Kommunikationsabteilung,
- Chuan Li, ein Techniker, der den Prototyp entwickelt hat. Er ist per Telefonkonferenz aus China zugeschaltet,
- und Alex, der das Protokoll schreiben sollte.

Monika eröffnet die Sitzung: » *Gut. Danke, dass ihr alle zu dieser wichtigen Sitzung kommen konntet. Ich rechne etwa mit zwei Stunden* .« (Allgemeines, innerliches Aufatmen, man war sich nicht sicher, ob es vielleicht länger gehen könnte). Monika fährt fort: » *Die technischen Unterlagen haben wir ja alle von Chuan Li – danke, Chuan – erhalten und bereits durchgesehen* « (Monika blickt in die Runde und sieht allgemeines, zielloses Geblätter in den Unterlagen; David gähnt sie offen an). »*Erste Fragen oder Kommentare von eurer Seite?*« (Betretenes Schweigen, mit gesenkten Köpfen blättern alle weiter »interessiert« in den Unterlagen).

David drückt den Mute-Knopf des Telefons und sagt: »*Ein wenig technisch, nicht, das Ganze? Diese Techniker sollte man mal auf einen Kunden loslassen; dann würden sie schon merken, dass niemand sie versteht!*« (Allgemeines Schmunzeln). Chuan Li wird wieder zugeschaltet und Monika sagt: *»Super Unterlagen, Chuan! Danke nochmals.«*

Stephan: *»Ich habe mir mal den Markt angesehen. Wirklich vergleichbare Produkte gibt es nicht.«* Monika: *»Du meinst also, wir haben gute Voraussetzungen mit der neuen Linie?«* Stephan: *»Ich denke ja, obwohl mir die Positionierung noch nicht ganz klar ist.«* (Er schiebt einen Monolog darüber ein, wie schwierig das Marktumfeld momentan sei). *»Was meinst du, David?«*

David, der sich dank seines Smartphones in der Zwischenzeit intensiv mit einer Mail seiner Frau beschäftigt hat, schreckt auf: *»Ähm, ja, also, ich finde, wir sollten mal mit einem Brainstorming beginnen.«* (Allgemeine Zustimmung, gefolgt von kurzem Schweigen, da niemand, mangels seriöser Vorbereitung, der Erste sein will.)

Monika bricht das Schweigen: *»Wie wär's, wenn wir das Ganze in einem exklusiven Camping-Umfeld zeigen würden? Irgendwo in Cannes gibt's sicher so ein Luxusding, wo sich die besser verdienenden Camper treffen, oder? Nur mal so eine Idee. Unser Produkt wird wohl eher teuer sein, nicht, Chuan?«* (Schweigen) *»Chuan, bist du noch da?«* Chuan: *»Ja, klar, aber dafür seid ja ihr zuständig und nicht ich!«* David drückt erneut den Mute-Knopf: *»Typisch, will sich wieder mal vor Arbeit drücken!«* (Kopfschütteln) Alex denkt: *»Als ob es bei euch anders wäre …«*

David blättert ein bisschen in den Unterlagen und beginnt plötzlich zu lachen: *»Schaut euch mal dieses Modell an. Das ist die Miniaturausgabe des Kühlschrankes, in dem sie gestern eine Leiche gefunden haben. Da war doch ein Bericht in der Tagesschau. Habt ihr ihn auch gesehen?«* Stephan: *»Nein, aber wir könnten das ja übernehmen und in unserem Modell eine Leiche fotografieren. Den Claim hätte ich auch schon: ›Keeps your stuff cool‹, oder ›Gentle with what you love!‹«* (Schallendes Gelächter, David hat Tränen in den Augen und krümmt sich vor Lachen.)

In ähnlichem, dann wieder ernsterem Stil schreitet die Sitzung voran. Mal spricht man ein wenig über die Konkurrenz, gefolgt von einem Einschub über die anstehenden Ferienpläne oder schließlich darüber, wie viele Flaschen Bier der Kühlschrank wohl fassen würde, worauf Monika fragt, wieso es denn immer Alkohol sein müsse. Hinzu kommt allgemeines Geplapper über belangloses Zeugs.

Kurz vor 18.00 schaut Monika auf die Uhr: »*Gut, ich denke, wir sind trotz der komplexen Materie einen schönen Schritt weiter gekommen* (Alex hat noch keine Ahnung, was er überhaupt ins Protokoll nehmen soll). *Angesichts der fortgeschrittenen Zeit jedoch denke ich, es wäre das Beste, wenn wir uns einfach in einer Woche nochmals sehen.*« (Allgemeine Erleichterung und Zustimmung) »Ginge das auch bei dir, Chuan?« (Schweigen) »*Chuan? Hallo? Na ja, wahrscheinlich war die Leitung mal wieder gestört.*« (David vermutet vielmehr, dass er vom sinnlosen Geplapper die Nase voll hatte und sich ausklinkte.) »*Nun ja, dann bleibt nur noch eins übrig: Können wir noch die Vorbereitungsarbeit – erste konkrete Vorschläge, Time Frame, et cetera – unter uns verteilen?*« (Sämtliche Teilnehmer schlucken leer, räuspern sich verlegen oder kratzen sich am Kopf und schweigen vor sich hin, als hätten sie nichts gehört.)

Angesichts dieser Reaktion, ergänzt um die Wortfolge »Stress, keine Zeit, Wichtigeres zu tun«, gibt Monika auf. Sie ist zufrieden mit der Zusicherung der Teilnehmer, sich ein paar Gedanken zu machen. Das Meeting wird beendet, der ersehnte Feierabend ist endlich da.

Es wäre wohl nicht schwierig gewesen, diese Sitzung produktiver zu gestalten, denn die zwei Stunden waren praktisch nutzlos. Aber wieso sollten sie das tun? Denn es macht Spaß, über Privates und Lustiges zu reden und zu lachen. Es ist unterhaltsam. Und offensichtlich besteht kein Zeitdruck. An den Haaren herbeigezogen, meinen Sie? Dann gehen Sie das nächste Mal mit einer Boreout- Brille in eine Sitzung, Sie werden schon sehen.

Die Kollektiv-Zwang-Strategie

Sie kennen das: Der Beginn einer neuen Arbeitsstelle bringt nicht nur neue Aufgaben, sondern auch das Lernen neuer Regeln mit sich. Dabei geht es sowohl um offizielle als auch um inoffizielle und informelle Regeln. Man lernt zum Beispiel, ob man für die morgendliche Kaffeepause ausstempeln muss oder nicht. Oder man wird darüber informiert, ob einem Freunde und Kollegen im Büro einen Besuch abstatten dürfen oder nicht. Das sind offizielle Regeln. Die inoffiziellen Gebräuche erfährt man nicht gerade am ersten Tag, sondern meist erst dann, wenn man gegen sie verstößt. Zum Beispiel, dass es dem Geschäftsleitungsmitglied X wichtig ist, die offiziellen Projektanträge auszufüllen, während das Geschäftsleitungsmitglied Y schon fast allergisch auf die Formulare reagiert. Oder dass erwartet wird, dass man am Geburtstag für das Team einen Kuchen mitbringt – allerdings auch nur fürs Team und nicht für die ganze Abteilung, da sonst Druck aufgebaut würde und andere Abteilungsmitglieder beim nächsten Mal auch einen Kuchen mitzubringen hätten, was die Tradition komplett über den Haufen werfen würde. Und so weiter.

Eine solche informelle Regel ist die Kollektiv-Zwang-Strategie. Wir haben sie in einigen Unternehmen entdeckt. Das hat uns – ehrlich gesagt – überrascht. Denn es wurde uns bewusst, dass der Boreout damit eine Art interne Legitimation erfuhr, ohne dass offiziell über ihn gesprochen wurde. Und ohne dass es überhaupt ein Bewusstsein dafür gab. Diese Strategie ist vor allem in staatsnahen oder gar staatseigenen Betrieben zu beobachten. Das mag nun weniger überraschen, als dass es bekannte Klischees bekräftigt.

Von kollektivem Zwang reden wir, wenn es einen internen inoffiziellen Druck gibt, nicht (zu) viel zu arbeiten und dies zugleich zu verheimlichen – es sogar vorzutäuschen. Womit wir mitten im Boreout-Schlamassel wären. Wenn Sie schon in der ersten Arbeitswoche ermahnt werden, nicht zu schnell zu arbeiten, wenn man

Ihnen klar und natürlich inoffiziell zum Ausdruck bringt, dass ein zu rasches Erledigen der Aufgaben hier nicht gewünscht sei, weil damit die Messlatte für den Rest der Belegschaft zu hoch angesetzt werde, und wenn Sie früh damit konfrontiert werden, dass hoher Einsatz sowieso nicht honoriert würde, dann befinden Sie sich in einem Unternehmen, in dem ein kollektiver Zwang zum Boreout besteht. Das kann auf einzelne Abteilungen oder Vorgesetzte reduziert sein: Kern der Sache ist, dass es nicht gern gesehen wird, wenn schnell und proaktiv gearbeitet wird. Dass aber trotzdem so getan wird.

Die Kollektiv-Zwang-Strategie ist für alle Beteiligten Gift, egal, ob sie nun faul sind oder eigentlich arbeiten wollen. Sie ist für diejenigen, die arbeiten wollen, der kollektive, erzwungene Einstieg zum Boreout.

Der kleine Müller – und der große Müller

Man kann auswärtige Sitzungen so planen, dass sich eine Rückkehr ins Büro nicht mehr lohnt – dies ist der Kern dieser Strategie. Zwei Beispiele zur Illustration:

Sie wollen sich mit einem Kunden treffen. Er schlägt Ihnen 13.30 Uhr vor. Die Sitzung wird zwei Stunden dauern und beim Kunden stattfinden. Die Anfahrt wird eine gute halbe Stunde in Anspruch nehmen. Wenn Sie sich tatsächlich um 13.30 Uhr treffen, dann fällt Ihre Mittagspause eher dürftig aus. Sie werden um 16 Uhr im Büro zurück sein. Für Leute, die viel zu tun haben, optimal. Für Leute, die an einem Boreout leiden, eine sehr unglückliche Planung. Die Alternative: Das Meeting beginnt um 14 Uhr oder um 14.30 Uhr. Sie können so den Mittag besser genießen und nach der Sitzung wird es sich nicht mehr lohnen, ins Büro zurückzufahren. Kontrollieren wird dies niemand mehr, weil es völlig plausibel ist.

Zweites Beispiel: Sie planen ein etwas längeres Meeting um 10 Uhr morgens. So können Sie einen »kreativen Unterbruch« über Mittag einplanen, mit den Kunden ausgiebig plaudern, am Nachmittag um 14.30 Uhr weiterfahren und anschließend ebenfalls direkt nach Hause fahren. Die Alternative wäre ein Beginn um 8.30 Uhr gewesen, dann hätten Sie unter Garantie kurz vor Mittag alles unter Dach und Fach gehabt.

Besser als mit einer solchen Sitzungsplanung kann man Unterforderung nicht verstecken – man ist einfach nicht anwesend und steuert diese Abwesenheit bewusst. Wir haben eine Chefin kennengelernt, die in ihrem Team einen Herrn Müller hatte. Herr Müller hatte genau diese Angewohnheit, Sitzungen so abzumachen, dass es sich nicht mehr lohnte, ins Büro zurückzukommen. In seinem Team waren solche »Ausflüge« als kleiner Müller (erstes Beispiel am Nachmittag) und als großer Müller (zweites Beispiel während des ganzen Tages) bekannt.

Die Spam-Strategie

Zudecken mit Quantität, um von Leere abzulenken: Das ist der Kern der Spam-Strategie. Boreout-Betroffene erstellen sinnlos lange Konzepte, um sich damit auszulasten. Und um damit zu signalisieren, dass sie ausgelastet seien. Interessanterweise kommt bei der Spam-Strategie oft auch hinzu, dass die Betroffenen für ihre Elaborate unglaublich lange Verteiler erstellen. Die Verteiler werden schon auf den ersten Seiten des Konzeptes breitgetreten, und solche Konzepte werden an sehr viele Leute per E-Mail verschickt. Nicht nur direkt, sondern auch per CC werden Mitarbeitende über die Tätigkeiten informiert. Es ist ein regelrechter Fluch geworden: Und in diesem Sinne haben wir auch die Bezeichnung für den normalen Mail-Spam als Synonym gewählt, weil im Büroalltag viele Leute mit vielen Informationen bedient werden, die sie nicht brauchen. Eine Mail wird an einen möglichst großen Verteiler verschickt, obwohl die meisten Leute überhaupt nicht an den Inhalten interessiert sind. Die Idee dahinter ist denn auch nicht der eigentliche Inhalt des Projektes, sondern die Tatsache, den Leuten zu zeigen, dass möglichst viel gearbeitet wird. Eine klassische Boreout-Strategie.

So wird eine eigentlich simple Aufgabe dermaßen aufgeblasen, dass das Projekt bald nicht nur eine lange Projektnummer bekommt und braucht, sondern auch ein eigenes Budget, weitere Sitzungen, an denen natürlich möglichst viele Delegierte aus dem ganzen Unternehmen teilnehmen: Alles völlig unnötig, denn man könnte die Aufgabe ebenso gut in einem Tag allein lösen.

Die »I don't give a shit«-Strategie

Die »I don't give a shit«-Strategie ist im Grunde genommen keine richtige Boreout-Strategie, denn eine solche zeichnet sich ja dadurch aus, dass man seinem Vorgesetzten gegenüber Arbeit und Beschäftigung vortäuscht. Man unternimmt alles, um vor neuer Arbeit, die sowieso wieder nur langweilig wäre, zu flüchten – oft versucht man sogar zu verhindern, dass man überhaupt im Büro hocken muss. Wir wollen die Quintessenz dieser eigentlichen »Anti-Boreout-Strategie« anhand eines konkreten Beispiels erläutern.

Daniela wird lahmgelegt

Daniela hatte einen Bürojob. Sie hatte vor kurzem ihre Lehre abgeschlossen und wollte sich innerhalb des Unternehmens verändern. Also stieß sie ins Team des Strategieverantwortlichen. Dort wurden Businesspläne erarbeitet, Off-sites geplant, interne Prozesse analysiert und vieles mehr. Manche mögen jetzt einwenden, das sei sowieso nur ein »Sesselfurzer-Job«, öde, zu theoretisch und überhaupt. Aber Daniela freute sich auf die Herausforderung, auf neue Inhalte und abwechslungsreiche Projekte. Es verstrichen die Monate und mit jedem Tag hatte sie weniger zu tun – weil der Chef keine Zeit für sie hatte, weil nur er die Arbeit erledigen könne. Sie hatte ihn regelmäßig auf ihr »Freie Zeit«-Problem angesprochen und er hatte immer Arbeit in Aussicht gestellt. Sie verhielt sich während dieser Monate absolut Boreout-konform: Nichts zu tun, unzufrieden weil sie nicht ernst genommen wurde, und sie brauchte die Strategien, um ihr Nichtstun vor dem Vorgesetzten zu verheimlichen. Ja, wir wissen es: Eine paradoxe Situation, denn der Chef wusste ja, dass sie zu wenig zu tun hatte, und Daniela wusste, dass ihre Situation – das Nichtstun – nicht gut war. Dem wollte Daniela zu Beginn sogar noch aus dem Wege gehen, denn sie fühlte sich schuldig. Bis es ihr dann eines Tages zu bunt wurde und sie eben aufschrie: »I don't give a shit, ob mich mein Chef nun im Internet surfen oder privat telefonieren sieht!« Fortan unternahm sie nichts, absolut nichts mehr, um ihr Nichtstun zu verheimlichen, denn es war ihr schlicht und einfach zu blöde. Sie hockte vor ihrem Computer, ohne Dokumente, völlig transparent im Internet surfend – der vollständige, knallharte Verzicht auf das Vorspielen falscher Tatsachen. Ihr Computer-Bildschirm zeigte zur Türe hin, und jedes Mal, wenn der Chef reinplatzte, sah er sie beim Surfen, insbesondere beim Gamen (Candy Crash Saga gehörte zu ihren Favoriten). Für Friedrich, ihren Bürogenossen, war es jedes Mal ein Spektakel, die Gesichtszüge des Chefs zu beobachten: Dominierte zu Beginn noch unterdrückte Entrüstung, zeigte sich mit der Zeit Überraschung, bis Friedrich schließlich eine absolute Gleichgültigkeit in den Gesichtszügen des Chefs feststellte. Der Vorgesetzte reagierte nicht einmal mehr auf das ihm gebotene Spektakel. Er gab ihr deswegen aber trotzdem nicht genügend Arbeit, und kein einziges Mal sprach er Daniela an. So ging es über Monate, bis Daniela schließlich durch eine Fusion von ihrem »Vorgesetzten« gerettet wurde und neue Aufgaben erhielt.

Es geht bei der »I don't give a shit«-Strategie also darum, auf die Boreout-Strategien zu verzichten. Es ist der Extremfall einer Boreout-Situation, denn auf klarere und deutlichere Art und Weise kann man einem Chef nicht zu verstehen geben, dass man nichts zu tun hat. Sie zeigt auch das absolute Versagen des Vorgesetzten, auf diese Situation adäquat oder überhaupt zu reagieren. Er war so sehr mit sich selbst und seinen Aufgaben beschäftigt, dass er seine Teamkollegin einfach vergaß und ignorierte.

Die Pseudo-Burnout-Strategie sowie die Lärmstrategie

Wir wollen unsere Aufzählung mit zwei weiteren Boreout-Strategien beschließen, die den Arbeitnehmer in seinem Bemühen unterstützen können, sich Arbeit vom Leibe zu halten oder einfach beschäftigt zu wirken. Da ist zum einen die *Pseudo-Burnout-Strategie.* Mit ihr kommuniziert der Arbeitnehmer explizit, dass er vor lauter Arbeit zusammenbrechen würde, müsste er sich jetzt noch um eine zusätzliche Aufgabe kümmern. Er spricht demnach seine Auslastung und Überlastung offen an und provoziert so die »Oje-du- Armer«-Reaktion. Von Überbelastung kann selbstverständlich keine Rede sein, aber wer kann ihm schon nachweisen, dass er nicht tatsächlich nahezu am Ende ist? Genau: niemand.

Zweitens gibt es die *Lärmstrategie.* Sie wird angewendet, wenn der Arbeitnehmer in einen Tagtraum verfällt und minutenlang auf den Bildschirm starrt, ohne auch nur einen Finger zu rühren oder das geringste Geräusch zu produzieren. Merkt der Arbeitnehmer, dass er wieder mal ein Lebenszeichen von sich geben sollte, hat er zwei Möglichkeiten:

- Er öffnet eine E-Mail und beginnt, wahllos auf der Tastatur des Computers herumzutippen.

- Er nimmt ein Blatt Papier und einen dicken Filzstift, der ein unüberhörbares Geräusch macht, und beginnt, sinnloses Zeugs zu schreiben oder zu malen.

Beide Möglichkeiten machen Lärm und lassen die anderen vermuten, dass hier kräftig gearbeitet wird.

Toll, diese Strategien – oder doch nicht?

Diese Strategien mögen zum Teil ihre spaßigen Seiten haben. Aber auch wenn Sie sich das Schmunzeln beim Lesen der einen oder andere Zeile nicht verkneifen konnten, so dürfen Sie einerseits nicht vergessen, dass es sich bei all diesen Strategien um eine Form der Manipulation handelt. Es wird etwas vorgetäuscht, was nicht ist: Stress, Beschäftigung, Auslastung. Manipuliert wird insbesondere der Vorgesetzte. Aber auch Sie werden von Ihren Arbeitskollegen hinters Licht geführt. Es geht um den großen Bluff – um den ganz großen Bluff. Andererseits mögen die Strategien wohl amüsant (und wirkungsvoll) sein, aber die betroffenen Menschen lösen ihr Problem am Arbeitsplatz mit diesen Verhaltensstrategien keineswegs. Die Strategien verdecken im Gegenteil nicht nur den Kern des Problems, sondern sie machen das Problem auch noch grösser – als ob der unter den Teppich gekehrte Dreck immer schmutziger würde. Obwohl man das weiß, tut man es trotzdem. Und das ist paradox, wie Sie im folgenden Kapitel sehen werden.

Das Boreout-Paradox

Um zu verstehen, warum wir uns im Falle eines Boreout paradox verhalten, unterteilen wir die berufliche Entwicklung in drei einfache Stufen:

Stufe 1	Wir stehen am Anfang unserer Karriere, haben erst wenig oder keine Berufserfahrung. Wir sind vielleicht motiviert und freuen uns auf das Berufsleben und seine Möglichkeiten. Wir kennen auch die Mär des süßen Nichtstuns, denken aber nicht im Traum , dass sich so etwas verwirklichen lässt. Wir erwarten Stress und Herausforderung.
Stufe 2	Wir beginnen eine Arbeit und stellen bald fest: So stressig, wie alle immer behaupten, ist die Arbeitswelt gar nicht. Also lernen wir, mit entsprechender Kommunikation unseren Arbeitsaufwand zu steuern. Da wir davon ausgehen, das Nichtstun sei schön, planen wir unser Verhalten so, dass wir möglichst wenig bis gar nichts zu tun haben.
Stufe 3	Nach noch längerer Zeit leiden wir am Boreout. Obwohl wir feststellen, dass das Nichtstun alles andere als toll ist, erhalten wir den Zustand. Wir sind unzufrieden und bleiben es auch, wir verhalten uns paradox. So suchen wir beispielsweise nicht das Gespräch mit einem Vorgesetzten oder überlegen uns ernsthaft, die Stelle zu wechseln.

Dieses paradoxe Verhalten (Stufe 3) betrachten wir im nächsten Kapitel etwas genauer. Wir analysieren drei paradoxe Verhaltensweisen, die Sie aus Ihrer eigenen Erfahrung oder aus Ihrer Umgebung sicher kennen. Dann besprechen wir das Boreout-Paradox. So werden

Sie verstehen, weshalb der an Boreout leidende Arbeitnehmer ein widersprüchliches Verhältnis zur Arbeit hat und sich im Teufelskreis von Unzufriedenheit, Nichtstun und konservierendem strategischem Verhalten so widersprüchlich verhält.

Das Hans-im-Glück-Paradox

Bei diesem Paradox spielt das Element des Wollens und Habens die zentrale Rolle, in ihrem Wechselspiel liegt das Widersprüchliche begraben. Was wir haben, wollen wir nicht – was wir wollen, haben wir nicht. Ändert sich das – bekommen wir, was wir wollten, aber nicht hatten – wünschen wir uns den jeweils anderen Zustand zurück. Ein Beispiel sind Liebesbeziehungen. Das Paradoxe an ihnen ist Folgendes: Wenn man einen Lebenspartner hat, vermisst man unter Umständen die eigene Freiheit, weil man sich eingeengt fühlt. Fehlt einem jedoch ein solcher Lebenspartner, vermisst man die gemeinsame Zeit mit einer geliebten Person und gewichtet die Freiheit, alles unabhängig von den Wünschen dieser Person tun zu können, plötzlich weniger.

Dieses Hin und Her zwischen Wollen und Haben wird auch sehr treffend im Märchen vom Hans im Glück zum Ausdruck gebracht: Hans ging fort von seiner Mutter und arbeitete sieben Jahre bei einem Herrn. Dieser gab ihm am Schluss als Lohn einen Klumpen Gold, der so groß war wie der Kopf von Hans. Hans machte sich auf den Weg zurück zu seiner Mutter, doch auf dem Weg passierte ihm so einiges: Das Gold war ihm zu schwer, er tauschte es gegen ein Pferd. Das Pferd war ihm zu wild, er tauschte es gegen eine Kuh. Die Kuh war alt und zäh, zudem gab sie keine Milch. Er tauschte sie gegen ein Schwein. Es stellte sich heraus, dass das Schwein gestohlen war – er tauschte es gegen eine Gans. Schließlich tauschte er die Gans gegen einen Schleifstein, der es ihm hätte ermöglichen sollen, eine neue Existenz aufzubauen – die eines Schleifers. Und am

Schluss plumpsten ihm die Steine in den Brunnen. Sie waren schwer zu tragen, er wünschte sich, sie in diesem Moment nicht tragen zu müssen.

Hans hielt sich in all diesen Momenten für den glücklichsten Menschen auf Erden – aber nur so lange, bis der neue Wunsch auftauchte. Jedes Mal beklagte er sich über etwas, und immer ging ihm sein Wunsch in Erfüllung. Natürlich wurde er praktisch jedes Mal übers Ohr gehauen, Fakt jedoch ist: Hans hat am Schluss nichts mehr, und er ist glücklich. Die Geschichte ist hier zu Ende, wir wissen nicht, wie sie weitergeht. Nur so viel: Er kommt zu seiner Mutter ohne Lohn. Dann spätestens wird er vor der Frage stehen, ob es richtig war, den Goldklumpen in dieser Tauschkette schließlich indirekt im Brunnen zu versenken.

Hans wollte immer etwas anderes, als er gerade besaß. Das ist paradox. Und normal. Uns geht es nämlich ähnlich. Sie kennen ja das Sprichwort: Die schönste Freude ist die Vorfreude. Frei formuliert könnte man sagen: Wir freuen uns auf etwas, das wir noch nicht haben und das dann, wenn wir es haben, seinen Wert zu einem großen Teil verlieren wird. Das bringt uns zu einem weiteren, ähnlichen Paradox.

Das Geschenk-Paradox

Schenken und beschenkt werden ist oftmals eine paradoxe Situation. Denn nicht immer bekommen wir das, was wir uns wünschen oder was uns wirklich Freude macht. Aber wir haben gelernt, anständig zu sein und uns nett zu bedanken. Vielleicht zeigen wir aber auch Begeisterung und sind dabei nicht ganz ehrlich. »Gefällt es dir wirklich?« – wem wurde diese Frage nicht schon gestellt. Die Antwort muss ein überzeugtes »Ja« sein, auch wenn wir die Krawatte, das Buch oder die selbst gegossene Kerze schlicht und einfach geschmacklos und daneben finden. Paradox ist daran, dass wir die anderen aus Anstand belügen. Ein vielleicht harmloses Paradox, aber ein häufig vorkommendes. War das Hans-im-Glück-Paradox noch einfach eine paradoxe Situation, die sich über eine längere Zeit hinzog, handelt es sich beim Geschenk-Paradox bereits um ein Verhaltensmuster, das andere – wenn auch gut gemeint – täuschen soll. Hier widerspricht das Verhalten dem Empfinden. Das bringt uns zum nächsten Paradox: Dabei belügen wir nicht nur andere Menschen, sondern auch uns selbst.

Das Gesundheits-Paradox

Die Gesundheit ist unser höchstes Gut, und dennoch tun wir oftmals Dinge, die dem Körper erwiesenermaßen schaden. Wir genießen Süsses im Übermaß oder verspeisen kalorienreiche Mahlzeiten und bewegen uns kaum. Ein anderes schädliches Laster ist das Rauchen. Viele Menschen tun dies, obwohl sie wissen und es ihnen mittlerweile jede Zigarettenpackung deutlich mitteilt, dass Rauchen der Gesundheit schadet. Auch das ist paradox. In diesen Fällen gibt es Vertuschungsstrategien, und zwar gegenüber sich selbst. So greift man beim Essen zu Light-Getränken, die wenigstens kalorienarm sind, oder ignoriert zu Beginn einer »Raucherkarriere« die gesundheitlichen Risiken des Rauchens. Doch mit den Jahren werden oft die gesundheitlichen Schäden offensichtlich, es ist gar nicht mehr möglich, den Tatsachen aus dem Weg zu gehen. Die Strategie: Man macht sich selbst etwas vor und behauptet, es sei nicht bewiesen, dass dieses oder jenes Leiden tatsächlich etwas mit dem Rauchen zu tun haben müsse. Oder man ignoriert einfach die möglichen negativen Konsequenzen. Erst absolut einschneidende Erlebnisse werden diese Vertuschungsstrategien zu Fall bringen.

Und nun: das Boreout-Paradox

Beenden wir nun unseren kleinen Anschauungsunterricht über gängige Alltags-Paradoxien und kommen wir zum Boreout-Paradox zurück. Ihnen haben sich bei der Lektüre der ersten Seiten sicher folgende Fragen gestellt:

- Wieso unternimmt denn der Arbeitnehmer nichts, um aus der Boreout-Falle herauszukommen, warum spricht er zum Beispiel nicht mit seinem Chef?
- Und weshalb wendet er all die Boreout-Strategien an, welche den Zustand der Unzufriedenheit nur verlängern?

Doch gerade dieses Verhalten beziehungsweise Nicht-Verhalten macht das Paradoxe aus. Ausgangspunkt des Boreout-Paradox ist …

> … der große Irrtum.

Die Vorstellung, es sei schön, bei der Arbeit nichts zu tun, eine ruhige Kugel zu schieben und möglichst viel Zeit für Dinge zu haben, die mehr Spaß machen – ähnlich wie Homer Simpson –, ist populär. Der Arbeitnehmer hat oft Angst, sich bei der Arbeit verausgaben zu müssen. Die Aussicht auf zu viel Arbeit oder Stress zieht runter. Im Internet surfen, plaudern, private Dinge erledigen und dabei noch Geld verdienen: Für viele ist dies die Idealvorstellung von Arbeit. Zudem existieren zahlreiche Publikationen, die einem suggerieren, dieser Zustand des Nichtstuns sei der einzig wahre und viel Arbeit bei weitem vorzuziehen. Von Corinne Maiers Entdeckung der Faulheit und ihren Strategien (»Ideal ist es, sich aufs Abstellgleis befördern zu lassen«) werden wir noch sprechen. Scott Adams präsentiert in seinem Buch *Das Dilbert-Prinzip* ein Kapitel darüber, wie man Arbeit vortäuschen kann. Folgendes steht in der Einleitung:

> »Hier offenbare ich nun zum ersten Mal meine geheimen Methoden, wie man Arbeit vortäuscht. Für Sie ist das eine Fahrkarte in die Freiheit.«

> »Der Rest dieses Kapitels stellt Strategien vor, wie Sie ein zufriedener Arbeitnehmer auf Kosten ihres Arbeitgebers werden können, der ohnehin keinen so netten Menschen wie Sie verdient.«

Es ist also die Rede von Freiheit, das heißt freier Zeit bei der Arbeit, wie auch von Zufriedenheit, wenn der Arbeitnehmer solche Strategien anwendet und dem Unternehmen ein Schnäppchen schlägt. Ist es aber wirklich so erstrebenswert, bei der Arbeit nichts zu tun? Bei der Arbeit möglichst viel Zeit zu haben und alles andere zu tun als zu arbeiten? Und sogar noch Strategien anzuwenden, um dieses Ziel zu erreichen?

Wir sagen: nein.

Die Realität ist vielmehr eine ganz andere. Denn in Momenten der Langeweile, die ungleich schwieriger zu ertragen sind als ein wenig Stress, ist der Arbeitnehmer unzufrieden und frustriert. Und unzufrieden wird er zwangsläufig, wenn er die Strategien anwendet. Sie sind ein klarer Hinweis darauf, dass etwas am Arbeitsplatz nicht stimmt.

Wir behaupten: Die meisten Arbeitnehmer wollen sich entwickeln und ihre Fähigkeiten unter Beweis stellen. Und sie wollen eine herausfordernde Arbeit, die für sie Sinn stiftet. Dafür sind sie auch bereit, mehr zu leisten. Allen anders lautenden Mythen zum Trotz entspricht es also nicht der Realität, dass es das Ziel des Arbeitnehmers ist, bei der Arbeit nicht zu arbeiten. Er weiß aber erst, wenn er vom Boreout betroffen ist, wie man sich dabei fühlt – nämlich schlecht.

Dann kennt er die Konsequenzen, wenn er sich die Arbeit vom Leibe hält: Er muss die Stunden bis zum Feierabend absitzen, und das sind nicht wenige. Ein bisschen freie Zeit für sich ist hoch willkommen, aber nicht zu viel davon. Der Arbeitnehmer ist also meilenweit davon entfernt, sich beim Nichtstun tatsächlich frei, zufrieden oder gar glücklich zu fühlen. Im Übrigen werden die Tätigkeiten, die man in der arbeitsfreien Zeit erledigt, mit der Zeit auch langweilig. Ganz zu schweigen von der Tatsache, dass es anstrengend ist, sich immer verstellen zu müssen und nur so zu tun, als ob man arbeiten würde. Da hört der Spaß auf und die freie Zeit wird zur Qual.

Die Grundlagen, auf welchen das Boreout-Paradox beruht, sind also folgende:

- Die *Angst* des Arbeitnehmers, bei der Arbeit gestresst zu sein. Untrennbar damit verknüpft ist der Wunsch, sich in Stresssituationen dem Zustand des Nichtstuns hingeben zu können.

- Die *Erkenntnis,* dass sich ein Arbeitnehmer beim Nichtstun bei der Arbeit alles andere als zufrieden fühlt und sich deshalb in den Momenten der Langeweile wieder wünscht, mehr arbeiten zu können.

Paradox ist, dass der Arbeitnehmer den Boreout-Zustand der Unzufriedenheit mit Hilfe der bereits beschriebenen Strategien weiterhin selber am Leben erhält und sich nicht aktiv bemüht, aus dem Boreout-Teufelskreis auszubrechen.

Wenn Sie jetzt immer noch denken, Anerkennung sei unwichtig und Hauptsache, man habe seine Ruhe bei der Arbeit, dann sollten sie umdenken. Hier zeigt sich nämlich der hinterhältige Charakter des Boreout: Denn die Strategien sollen helfen, andere hinters Licht zu führen, *die anderen* glauben zu lassen, man sei mit Arbeit ausgelastet. Der springende Punkt ist aber: Bei einem selbst funktioniert all das nicht, denn niemand fühlt sich gerne auf Dauer nutzlos oder verbringt sein ganzes Leben mit etwas, das ihn gar nicht interessiert. Man kann sich nicht selber belügen. Schließlich weiß man, dass man mehr leisten könnte, und man weiß im tiefsten Innersten auch, dass einen das Nichtstun nicht zufriedener macht. Auch wenn man nach außen etwas anderes kommuniziert.

Zum Ende dieses Kapitels wollen wir nochmals einen Blick auf die drei zu Beginn vorgestellten Paradoxien werfen, denn wir haben sie nicht zufällig als Beispiele gewählt. Jedes Paradox zeigt uns ein bestimmtes Element des Boreout-Paradox: Mit dem Hans-im-Glück-Paradox haben wir auf das grundsätzliche Empfinden und Verhalten hingewiesen, dass wir *das wollen, was wir gerade nicht haben* – der Kern des Paradoxes sozusagen. Das Geschenk-Paradox verweist auf die Dimension des Verhaltens. Man weiß in dieser Situation um das Paradox, und man verhält sich für die Außenwelt auf eine bestimmte Art und Weise – hier spielt die *Lüge nach außen* eine Rolle. Im Gesundheits-Paradox belügen wir uns selber, hier liegt ganz einfach ein *Selbstbetrug* vor. All dies ist beim Boreout-Paradox ebenfalls zu beobachten:

> Wir wollen etwas, was wir gerade nicht haben, entwickeln Strategien, um uns zu schützen, und belügen dabei nicht nur die andern, sondern auch uns selbst.

Die Ursachen des Boreout

Spaß für alle...

Wenn Sie in Theoriebüchern blättern, die sich mit Arbeit und Motivation beschäftigen, stoßen Sie immer und immer wieder auf die Frage, ob die Arbeit Spaß machen soll – beziehungsweise es überhaupt darf. Die einen finden, viele Menschen würden überhaupt nicht das tun, was ihnen wirklich Spaß machen würde. Diese Ratgeber sehen die Lösung darin, sich neu zu orientieren und aufs Herz zu hören. Geld, Karriere und Statussymbole sollen weniger gewichtet oder sogar ausgeblendet werden: Besser arm und glücklich als reich und unglücklich. Die andern vertreten die Meinung, dass eine Volkswirtschaft gar nicht allen Menschen eine Arbeit geben könne, die Spaß macht. Es werde immer Arbeit anfallen, die eigentlich niemand wirklich gerne tut. Sie müsse aber einfach gemacht werden.

Der letzte Punkt ist zwar wahr, aber demjenigen, der diese Arbeit erledigt, absolut egal. Er tut die Arbeit nicht, weil irgendein Professor postuliert, eine bestimmte Arbeit müsse aus volkswirtschaftlicher Sicht getan werden. Er tut sie aus eigener wirtschaftlicher Notwendigkeit oder weil er vom Job gar nicht erwartet, dass er Sinn stiften oder Spaß machen soll. Diese Menschen sehen in der Arbeit eine Pflichtübung. Das ist nicht negativ zu verstehen, denn ein Mensch kann mit einer solchen Einstellung auch glücklich werden. Und außerdem – da geben wir den Volkswirtschaftsprofessoren ein bisschen recht – muss diese Arbeit getan werden, und wir können froh sein, dass sie getan wird.

Das Ganze ist also nur unter individuellen Gesichtspunkten zu betrachten: Einigen Menschen ist es wichtig, Spaß und Sinn bei der Arbeit zu finden, anderen weniger. Angesichts dieser zwei unterschiedlichen Ansprüche an die Arbeit drängt sich die Frage auf, ob die eine oder die andere Gruppe eher vom Boreout betroffen sein könnte. Unser Antwort ist einfach: Beide können in einen Boreout geraten. Diese zentrale Erkenntnis hilft, wenn wir uns anschließend den Ursachen des Boreout zuwenden.

Wenn wir mit anderen den Boreout diskutieren, hören wir immer wieder die Meinung, davon seien nur Menschen betroffen, die überhaupt auf die Idee kämen, viel vom Job zu erwarten und die sich die Frage nach dem Sinn tatsächlich leisten könnten. Das stimmt nicht. Im Grundsatz hat der Boreout nichts damit zu tun, ob man in der Arbeit Sinnerfüllung und Spaß sucht oder nicht.

...oder falsche Illusionen?

An dieser Stelle noch eine allgemeine Bemerkung: Wir geben uns nicht der Illusion hin, dass in einem Unternehmen immer 100 Prozent der Belegschaft super motiviert sind, ihre Arbeit gern machen und eigentlich am liebsten 24 Stunden im Unternehmen verbringen würden. Aber: Es braucht oftmals sehr wenig, um die Arbeitszufriedenheit zu verbessern – ganz abgesehen von den anderen positiven Aspekten, die auftreten, wenn man ein Problem entdeckt, es offen anspricht und nach Lösungen sucht. Genau hier ist die Rückbesinnung auf die erwähnten Ebenen und die Grundwerte des Unternehmens von größter Wichtigkeit. Und auch wenn es nicht oft vorkommt, dass alle zufrieden sind – oberstes Ziel muss es dennoch sein. Denn der letztendlich kritische Erfolgsfaktor sind die Mitarbeiterinnen und Mitarbeiter – erfolgreiche Unternehmen unterscheiden sich von nicht erfolgreichen darin, dass sie nicht nur der Rentabilität oberste Priorität einräumen, sondern auch eine ausgeprägte Mitarbeiterorientierung aufweisen. Wir werden darauf im Kapitel zum Qualitativen Lohn zurückkommen, weil uns die Frage nach der Arbeitszufriedenheit und damit nach Glück sehr wichtig ist.

Wir geben uns auch nicht der Illusion hin, dass jeder Arbeitnehmer, der sich beklagt, immer Recht hat, weil er einfach alles besser weiß und alle anderen sowieso unfähig sind. Das klingt dann beispielsweise so: »Der Chef versteht so ziemlich nichts von diesem Geschäft. Wenn ich diese Abteilung leiten würde, würde hier vieles anders laufen, das kann ich dir garantieren, Friedrich!« Es wird heute schnell lamentiert und kritisiert, oft zu Unrecht. Aber der typische Boreout-Mitarbeiter ist kein Klugscheißer, kein neunmalkluger Besserwisser. Er findet es okay, dass er einen Chef hat, dass dieser die Verantwortung trägt, aber eines verlangt er konsequent: Bei der Arbeit arbeiten zu können. Und wer keine Arbeit bekommt und sich über solche Verhältnisse beklagt, der ist, das lässt sich mit Fug und Recht sagen, zu solcher Kritik berechtigt.

Die falsche Berufswahl

Alle Kinder haben Berufsträume: Sie wollen Feuerwehrmann, Krankenschwester oder Fußballer werden. Sie wählen ihren vermeintlichen Traumjob rein gefühlsmäßig, denn sie können noch gar nicht beurteilen, wie Anstellungsbedingungen, Karrierechancen oder Verdienstmöglichkeiten sind oder wie der Berufsalltag überhaupt aussieht. Wenn sie älter sind und sich konkret mit ihrer beruflichen Zukunft auseinandersetzen, beginnen sie, mit dem Verstand über Ausbildungen und Berufsbilder nachzudenken. Die Gründe, die für die Berufswahl entscheidend sind, können für die Ursachenfindung des Boreout von entscheidender Bedeutung sein. Denn hier werden die ersten Weichen gestellt. Bereits zu diesem Zeitpunkt wachsen oder sinken die »Chancen« auf einen Boreout.

Haben Sie den Film *The Incredibles* gesehen? Es ist die Geschichte einer Superhelden-Familie mit übersinnlichen Fähigkeiten. Genau diese dürfen sie jedoch nicht mehr ausleben, stattdessen sollen sie sich als »normale« Familie im Berufsalltag integrieren – was natürlich misslingt. Das Paradebeispiel: Mister Incredible. Er muss, grausam gelangweilt, die Versicherungsfälle seiner Kunden behandeln. Und er darf, zumindest zu Beginn des Films, nicht mehr das tun, was er eigentlich möchte: als Superheld arbeiten. Viele Arbeitnehmer sind heute in der gleichen Situation wie Mister Incredible: gefangen im Desinteresse für das, was sie tun oder tun müssen. Aber warum ist dies so?

Die Gefahr besteht, dass man sich nicht für das entscheidet, was man eigentlich gerne tun möchte. Man wählt das Falsche, und zwar von Anfang an. Stellen wir uns zwei Szenarien vor:

- Die Wahl fällt auf ein Jurastudium, weil die Eltern Wert darauf legen, dass ihre Tochter eine möglichst breite Ausbildung genießt und anschließend viele Optionen hat. Zwar malt die junge Frau gerne Ölbilder und hätte am liebsten eine Kunstgewerbeschule besucht, die Eltern sind aber der Meinung, dies sei auch nach dem Studium noch möglich.

- Die Wahl fällt auf eine Lehre in einer Baugesellschaft, weil die Eltern finden, ihr Sohn solle etwas »Anständiges« lernen. Sie nehmen ihrem Sohn damit die Entscheidung für die Berufswahl ab, denn er hat momentan sowieso nur Flausen, Computerspiele und Partys im Kopf – und vom Ernst des Lebens keine Ahnung. Das Baugewerbe gilt nicht nur als sichere, sondern auch als seriöse Branche, die Eltern erhoffen sich davon engere Grenzen im Alltag ihres Sprösslings. Hinzu kommt, dass es für Jugendliche in diesem Alter schwierig ist herauszufinden, was sie wirklich interessieren würde. Ihnen ist es zu diesem Zeitpunkt sowieso egal, Hauptsache, sie können sich überhaupt entscheiden.

Beide Entscheidungen können die Grundlage für einen Boreout abgeben. Denn die Entscheidung für einen bestimmten Beruf wird oftmals aufgrund eines Kriteriums getroffen, das stärker gewichtet wird als das Interesse. Beispiele sind die (vermeintliche) Sicherheit des Arbeitsplatzes, die Aussicht auf eine Karriere oder einen Lohn, der höher ist als in jenem Bereich, in dem man eigentlich gerne arbeiten würde. Verstehen Sie uns nicht falsch: Wir plädieren keinesfalls für grundsätzliche Bescheidenheit und Enthaltsamkeit, aber wir plädieren für eine Verknüpfung: Die meisten Menschen brauchen materielle *und* immaterielle Erfüllung, brauchen Geld *und* Sinn. Das ist kein Entweder-Oder. Aber: Menschen, die sich für ein Studium oder eine berufliche Laufbahn entscheiden, welche sie eigentlich gar nicht interessiert, laufen Gefahr, früher oder später an einem Boreout zu leiden. Denn sie stellen die Weichen falsch.

Wie oben gesehen, können die Eltern die Berufswahl beeinflussen. Oder aber wir fühlen uns von gesellschaftlichen Leistungsvorgaben unter Druck gesetzt. Wie auch immer: Langeweile, Unterforderung und Desinteresse entstehen, weil man von Anfang an das Falsche tut. Und dann wird es immer schwieriger, aus dem Boreout- Schlamassel wieder rauszufinden. Unsere Jura-Studentin wird möglicherweise später in einer Kanzlei arbeiten. Und sie wird am Boreout leiden, weil sie die Materie nicht interessiert, weil sie sich bei der Arbeit langweilt. Ihre Erfüllung fände sie bei einer künstlerischen Tätigkeit. Doch der Mut zum Wechsel fehlt, die materiellen Einbußen wären viel zu groß.

Der falsche Ort

Variieren wir unser Szenario und nehmen wir an, unsere Juristin fände Rechtswissenschaften eigentlich doch nicht so langweilig, zeitweise sogar interessant. Aber sie ließ sich zur Anstellung in einer trockenen Kanzlei hinreißen. Für sie der absolut falsche Ort:

Immer die gleichen Fälle, kombiniert mit einem verstaubten, giftigen Klima der Konkurrenz, das ihr die Arbeit als sinnlos erschienen lässt. Vielleicht wäre sie bei einer Non-Profit-Organisation besser aufgehoben gewesen; in der Kanzlei auf jeden Fall war sie definitiv am falschen Ort.

Wann genau ist der Arbeitsplatz der falsche Ort? Wenn etwa der Vorgesetzte sämtliche interessante Arbeit selbst erledigt und nur die langweiligen Tätigkeiten oder gar nichts delegiert. Denn wer nicht delegiert, unterfordert die Mitarbeiter. Mangelnde Delegation ist ein idealer Nährboden für einen spriessenden Boreout. Oder wenn die Aufstiegsmöglichkeiten begrenzt sind; das führt dazu, dass der Arbeitnehmer immer dasselbe – meist ohne für ihn sichtbares Ergebnis – tun muss und in seiner Entwicklung blockiert wird. Manchmal hat man auch einfach Pech bei der Jobsuche. Die ausgeschriebene Stelle klingt vielversprechend, es interessiert den Jobsuchenden sogar, was er dort tun soll. Aber dann stellt sich heraus, dass die neue Arbeitsstelle der blanke Horror ist: Das Team ist langweilig, die Chefin unterfordert die Angestellten, das Unternehmen hat komplizierte und unübersichtliche Strukturen. Der Arbeitssuchende hat zwar alles »richtig« gemacht, hat sich wirklich überlegt, ob das, was er machen will, auch wirklich spannend ist, aber leider stellte sich alles nur als schöner Schein heraus.

Kurz gesagt: Die spannendste Tätigkeit nützt nichts, wenn Sie diese am für Sie falschen Ort ausüben. Dann ist der Boreout vorprogrammiert. Umgekehrt betrachtet nützt es Ihnen natürlich auch nichts, wenn der Arbeitsort toll ist und die Mitarbeitenden unterhaltsam sind, wenn Sie es aber mit der für sie ungeeigneten Materie zu tun haben. Eine tolle Arbeitsumgebung kann mangelndes Interesse am Arbeitsinhalt nicht kompensieren. Das Falsche am richtigen Ort: Das geht nicht.

Noch einmal: die Strategien

Wie es zum Boreout kommen kann, wissen wir jetzt: Wir tun von Anfang an das Falsche oder wir tun es am falschen Ort. Etwas haben wir aber noch nicht mit einbezogen: Die Strategien. Wir erinnern uns: Zum Boreout gehört, dass man ihn mit den anfänglich beschriebenen Strategien – paradoxerweise – am Leben erhält.

Beim Boreout-Paradox haben wir gesehen, dass der betroffene Arbeitnehmer mit seinem Chef nicht über die unbefriedigende Situation spricht. Wieso tut er es nicht? Es scheint doch auf den ersten Blick das Einfachste zu sein. Dem ist jedoch mitnichten so. Stattdessen greift der Arbeitnehmer zu den Strategien, in der Hoffnung, sie seien der rettende Strohhalm. Und zwar deshalb:

- Zu Beginn seiner Beschäftigung in einem bestimmten Unternehmen ist ein Arbeitnehmer noch motiviert. Er hat selbst nicht so viel zu tun, sieht aber die Berge, die sein Chef täglich bewältigt. Er spricht ihn regelmäßig darauf an und bietet ihm seine Unterstützung an. Der Chef jedoch lehnt immer ab – etwa mit dem Hinweis, nur er könne das erledigen, weil nur er die Details kenne. Oder er will sich die Zeit nicht nehmen, dem Mitarbeiter die Zusammenhänge zu erklären. Delegiert werden nur die langweiligen Arbeiten. Die Reaktion des Arbeitnehmers: Er fragt nicht mehr nach und lässt den Chef alleine werkeln, während er weiterhin zu wenig zu tun oder nur Langweiliges zu erledigen hat. Er ist quantitativ und qualitativ unterfordert. Jetzt ist es Zeit für die Strategien. Er könnte theoretisch auch auf sie verzichten und offensichtlich gelangweilt am Schreibtisch sitzen oder sein Desinteresse an der Arbeit offen zeigen. Doch Sie sehen sofort: Das ist keine Alternative. Dann müsste er noch mehr langweilige Dinge erledigen, Dinge, auf die niemand Lust hat.

- Der Arbeitnehmer fürchtet die (absehbare) Reaktion des Chefs, der wohl über offen gezeigte Langeweile wenig begeistert wäre. Zudem empfinden es viele Vorgesetzte als implizite Kritik, wenn der Arbeitnehmer sich beschwert, er habe zu wenig zu tun. Die Strategien sind also auch notwendig, um sich den Chef, wie man so schön sagt, vom Halse zu halten und einem klärenden Gespräch aus dem Wege zu gehen.

- Der Arbeitnehmer fürchtet den Aufwand, der mit der Änderung der momentanen, wenn auch unbefriedigenden Situation verbunden ist: Mit der Zeit findet er es »gemütlich«, qualitativ und quantitativ unterfordert zu sein. Hier treffen wir auf den Kern der Sache: Das Schlimmste in einer Zeit ohne Arbeit ist: neue Arbeit. Man könnte auch den Job wechseln, aber das bedeutet Anstrengung und Unsicherheit. Man müsste etwas Neues lernen und hat darauf keine Lust.

Anfänglich glauben wir ja tatsächlich, dass es toll sein könnte, durch den Arbeitsalltag zu schlüpfen und Geld zu verdienen, ohne dafür viel tun zu müssen. Erst nach einer gewissen Zeit stecken wir im Boreout und realisieren, dass das Gegenteil der Fall ist. Zu diesem Zeitpunkt jedoch wird der Energieaufwand, etwas an dieser paradoxen Situation zu ändern, wirklich groß. Wir stecken mittendrin, und immer noch prägt auch die Mär vom süssen Nichtstun unser Handeln.

Es geht also darum, dass wir die Konsequenzen fürchten, die aus dem Verzicht auf die Strategien resultieren würden: Wir haben keine Lust auf langweilige Arbeit, auf ein klärendes Gespräch oder auf eine tief greifende Veränderung der beruflichen Situation. Ganz abgesehen vom Umstand, dass all die strategischen Täuschungs- und Vertuschungsversuche auch noch Spaß machen – zumindest am Anfang. Und schließlich wird angesichts einer möglichen Entlassung klar, dass es besser scheint, weiterzuwursteln und sich der Unzufriedenheit zu ergeben.

Bessere Alternativen zur Arbeit

Weiterwursteln fällt uns auch deswegen nicht schwer, weil es am Arbeitsplatz zahlreiche Alternativen zur eigentlichen Arbeit gibt. Alternativen, die unsere Aufmerksamkeit von der eigentlichen Arbeit weglenken und sie immer weniger spannend erscheinen lassen: Die Informationen, die man aus dem Internet holen kann, werden interessanter als das Gelabere des Chefs, es wird immer lustiger sein, private E-Mails zu verschicken als geschäftliche, oder man nutzt die freie Zeit, private Arbeit zu erledigen.

Denken Sie an die Vereinsarbeit. Haben Sie sich auch schon gewundert, wer all die Arbeit für die vielen Vereine macht? Und wann diese Arbeit getan wird? Es ist nicht so, dass alles immer nur zu Hause erledigt wird. Denken Sie an Protokolle, Internetrecherchen, Versandaktionen. Ein großer Teil der Vereinsarbeit wird sicherlich von Nicht-Berufstätigen absolviert. Aber ein noch viel größerer Teil von Berufstätigen während der Arbeit. Unter Boreout- Gesichtspunkten ist das nun verständlicher: Die Vereinsarbeit ist die bessere Alternative. Und alles, was man dazu braucht, ist sogar gratis zu bekommen.

Das Alternativangebot am Arbeitsplatz zieht uns in seinen Sog. Es erhält immer mehr Raum und Zeit und wird so immer wichtiger und spannender. So wird leicht vergessen, dass die Arbeit eigentlich langweilig und man selber unzufrieden ist. Eine paradoxe Situation: Die Tätigkeiten, für die wir dank der Boreout-Strategien Zeit haben, werden zur Ursache des Boreout. Und sie sind mitverantwortlich dafür, dass wir da bleiben, wo wir eigentlich gar nicht hingehören. Die Strategien helfen uns, zu verstecken, dass wir nicht arbeiten, sondern uns allen möglichen Alternativen hingeben. So können wir problemlos weiterfunktionieren – und niemand merkt es. Das Schlimmste dabei: Wir merken es anfänglich selbst nicht.

Exkurs: Die Digitalisierung als Boreout-Treiber?

Insbesondere die Digitalisierung des Büros hat dazu beigetragen, dass wir uns überall und nirgends tummeln können. Vorbei sind die Zeiten der guten alten Schreibmaschine, des analogen Telefons und des Faxgeräts. Dies alles sind Symbole des alten Büros. Das neue Büro ist digital: Computer mit Internetanschluss, Voice-over- IP-Telefonie und E-Mail gehören zum Standard. Der Arbeitnehmer wird effizienter, die Kommunikationswege werden kürzer. Das ist im Interesse des Unternehmens. Betrachtet man diese Tools jedoch durch die Boreout-Brille, sieht die ganze Geschichte ein wenig anders aus.

Denn diese Tools ermöglichen auch ein enormes Alternativangebot zum Zeitvertreib. Zum Beispiel das *Internet* mit seiner riesigen Welt der Informationen und der Abwechslung. Zeitungen kann man online lesen, man kann nach exotischen Reisezielen suchen und sich in Social Media-Plattformen darüber mit Freunden austauschen. Besonders spannend und beliebt sind Spiele aller Art: Kartenspiele, Jump-and-run-Games, Denkspiele und anderes mehr. Die Links dazu kann man via E-Mail in die ganze Welt verschicken. Auch Alex frönt dieser Leidenschaft und ist wahrlich nicht der Einzige in seinem Büro.

Alex hat gerade eine E-Mail bekommen, eine von etwa 20 bis 30 Mails, die täglich in seiner Box landen. Die meisten von ihnen sind privater Natur. So auch diesmal. Sein Freund Hugo hat ihm den Link zu einem Online-Game geschickt. Alex spielt oft und gerne, und Hugo weiß das. Heute gibt es ein Spiel namens »Hit the Penguin«. Das Ziel ist es, den Pinguin mit einer Keule so stark in den Hintern zu schlagen, dass er möglichst weit durch die Luft fliegt. Das gefällt Alex. Zu Beginn hatte er noch ein schlechtes Gewissen gegenüber seinem Arbeitgeber. Er überlegte sich gar, die Mails auf seine private E-Mailbox weiterzuleiten, um das Spiel dann zu Hause zu spielen. Dieser moralische Anflug war jedoch von kur-

zer Dauer: »Wieso soll ich zu Hause spielen, wenn ich im Büro genügend Zeit dafür habe?« Auch seine Kollegen haben sich für diese Lösung entschieden. Also leitet er Hugos Link an sie weiter. Innerhalb von Minuten erklingt Gegröle von allen Seiten, die ganze Truppe spielt und lässt die Arbeit liegen, es laufen sogar Wetten, wer den armen Pinguin am weitesten schlägt. Eine Riesengaudi. Alex genießt diesen Quasi-Arbeitsstreik. Dies sind gemeinschaftliche Erlebnisse, bei denen sich alle offen dazu bekennen, zu spielen, weil es halt alle tun. Normalerweise spielt jeder einfach ein wenig vor sich hin, unauffällig, aber doch häufig. Alex gibt sich immer noch Mühe, beim Spielen beschäftigt auszusehen, damit ihm niemand auf die Schliche kommt. Aber es gibt Kollegen, denen ist das bereits völlig egal. Obwohl alle direkt auf den Bildschirm sehen können, spielen sie ohne Rücksicht auf Verluste. Manchmal macht ihm aber sein Unternehmen einen Strich durch die Rechnung und sperrt gewisse Websites. Dies ist insbesondere bei Spielen der Fall, die sich im Unternehmen rasch hoher Beliebtheit erfreuen. »Lächerlich«, denkt Alex dann. »Als ob mich diese Kontrollmaßnahme davon abhalten könnte zu spielen.« Sagt es, zückt sein Smartphone und entschwindet in den Pausenraum.

Alex befindet sich also in guter Gesellschaft, und das nicht nur in seinem Unternehmen. Es gibt deshalb bereits eine bedeutende Marketingstrategie, die auf der Langeweile der Arbeitnehmer aufbaut beziehungsweise auf ihrem Bedürfnis, bei der Arbeit nicht nur zu arbeiten, sondern die freie Zeit auch mit Spaß zu füllen. Wir sprechen vom Viralen Marketing. Es verbreitet via Social Media-Plattformen und EMail eine Werbebotschaft, ähnlich einem Virus. Die Empfänger sind Millionen gelangweilter Arbeitnehmer auf der ganzen Welt, die solche Games oder Spots primär während der Arbeitszeit und nicht zu Hause spielen oder anschauen. Typischerweise werden E-Mails mit einem Link auf eine Internetseite verschickt, wo man etwas gewinnen kann (zum Beispiel eine Kaffeemaschine oder ein Auto), wenn man an einem Spiel teilnimmt. Das auf diese Weise Marketing treibende Unternehmen findet so eine für den potenziellen Kunden spannende Form der Werbung, während der am Boreout leidende Arbeitnehmer die langweilige Zeit am Arbeitsplatz mit einem Spiel überbrücken kann.

Und schließlich dürfen wir das *Smartphone* nicht vergessen. Es gibt dem Arbeitnehmer die Möglichkeit, zu telefonieren und online zu sein, wann immer er es für nötig hält. Dadurch ist er nicht mehr nur auf die Kommunikations-Tools angewiesen, welche ihm das Unternehmen zur Verfügung stellt. So sorgt das Smartphone konstant für ein bisschen Abwechslung.

Normal, aber schlecht

Jetzt behaupten Sie wahrscheinlich, einige dieser Dinge seien doch ganz normal. Da geben wir Ihnen sogar recht. Das Heimtückische an der ganzen Angelegenheit ist ja gerade, dass die Ursachen so »normal« daherkommen. Falsche Studienwahl, falsche Jobwahl, kein Stress, private Internetnutzung: alles ganz normal. Der Boreout kündigt sich wie gesagt nicht mit Pauken und Trompeten an. Die Ursachen sind Geschichten aus dem Alltag. Es braucht für den Boreout keinen Skandal, keine Katastrophe und keine ruinierten Karrieren. Im Gegenteil: Oft läuft's ganz gut, alles nach Plan. Erst in der Kombination aller Elemente, erst im Erhalt eines an und für sich unbefriedigenden Zustandes entsteht der Boreout. Und auch der ist ganz normal, denn auch hier werden Sie unzählige Beispiele aus Ihrer Umgebung kennen, die Ihnen völlig alltäglich vorkommen. Alles ist normal – aber trotzdem schlecht. Und fatal in den Folgen. Deswegen ist die Diagnose des Boreout so wichtig, denn nur so wird es möglich, bereits bei den Ursachen die Weichen anders – sprich: besser zu stellen.

Die Symptome des Boreout

In diesem Kapitel wollen wir der Frage nachgehen, wie sich der Boreout bei den betroffenen Personen äußert. Wir unterscheiden dabei zwischen innerlichen und äußerlich wahrnehmbaren Symptomen. Wagen wir uns zuerst an Letztere und schauen, wie sich ein an Boreout leidender Arbeitnehmer am Arbeitsplatz verhält.

Lässt sich der Boreout von außen beobachten?

Sie haben sich vielleicht schon häufiger gefragt, was Ihre Arbeitskollegen eigentlich genau machen und womit sie den ganzen Tag lang beschäftigt sind. Wenn man den Boreout kennt, bekommen gewisse Verhaltensmuster plötzlich eine andere Bedeutung. So ist das geschäftige Treiben des Sitznachbarn plötzlich nicht mehr als der hilfslose Versuch, gähnende Langeweile zu verdecken. Die Symptome ermöglichen es, eine am Boreout leidende Person zu entlarven. Natürlich wollen wir hier nicht dazu aufrufen, gezielt und systematisch zu kontrollieren. Denn wenn Vorgesetzte Analysen erstellen lassen, wie lange die Mitarbeiter im Internet unterwegs sind oder wie viele Mails sie verschicken, ist das Vertrauen in Frage gestellt – eine denkbar schlechte Voraussetzung, die möglichen arbeitsplatzbedingten Ursachen des Boreouts zu beseitigen. Kontrolle nein, Beobachten ist aber erlaubt.

Wenn man sich also der Existenz des Boreout bewusst ist, lüftet sich der Deckmantel der Strategien, und das spezielle Verhalten am Arbeitsplatz erhält plötzlich ein anderes, bei allem Unglück durchaus amüsantes Gesicht. Auch unser Alex hat begonnen, seine

Arbeitskollegin Erika bei ihrer »Arbeit« zu beobachten. Und dabei ein interessantes Verhaltensmuster entdeckt, das auf vier strategisch wichtige Orte im Büro bezogen ist.

»Eigentlich sieht alles auf den ersten Blick normal aus. Erika ist zwar nicht gerade überlastet, doch gibt es scheinbar noch keine Anzeichen dafür, dass sie am Boreout leidet. Noch nicht. Aber jetzt hat sie das Fass zum Überlaufen gebracht: Sie ist nämlich umgezogen. Sie hat ihren Arbeitsplatz gewechselt – nicht ihren Arbeitgeber. Sie sitzt jetzt mit dem Rücken zum Fenster, nicht mehr mittendrin. Was das mit dem Boreout zu tun hat? Eine ganze Menge.

Ich beobachte Erika schon seit drei Monaten. Sie saß im mit Glaswänden abgetrennten Grossraumbüro ziemlich in der Mitte. Zum ersten Mal aufgefallen ist sie mir, weil sie so beschäftigt wirkte, aber trotzdem häufig rauchend und telefonierend vor der Eingangstür draußen stand. Dann begann ich, ihren strategischen Bewegungsraum nachzuvollziehen, und kam auf ein erstaunliches Ergebnis: Sie lebt nach dem Vier- Orte-Prinizip. Arbeitsplatz, Kaffeeecke, Eingangsbereich und Toilette. Da konnte etwas nicht stimmen, denn die Zeit, die sie nicht am Arbeitsplatz verbrachte, war einfach zu lang. So begann ich, sie intensiver zu beobachten, und diagnostizierte bald einen intensiven Boreout.

Erikas Tagesablauf sieht in etwa so aus: Sie kommt etwas später, geht dafür am Abend etwas früher. Die Mittagspause genießt sie extensiv und isst um 14 Uhr einen Salat – natürlich vor dem Computer am Arbeitsplatz, das wirkt gestresst und engagiert. In Wirklichkeit hat sie Mahlzeiten- Outsourcing betrieben, denn so kann sie während der eigentlichen Mittagszeit besser shoppen und private Angelegenheiten erledigen. Die Wirkung nach außen ist dabei doppelt nützlich: Sie wirkt beschäftigt und signalisiert, dass sie lediglich Zeit für einen kleinen Imbiss hat. Das ist gesund, aber gleichzeitig auch ein Hilfeschrei nach Entlastung.

Erika geht oft auf die Toilette. Das ist keine Blasenschwäche, kein Anzeichen von akutem Dauerdurchfall, so wie ich das ja mache, wenn ich ein Schläfchen brauche. Erika kann sich auf der Toilette wunderbar verstecken und hat ihre Ruhe. Dort muss sie keine Zeichen nach außen senden, sondern kann sich ganz einfach auf die Schüssel setzen und ›sein‹. Die Toilette – der letzte Hort von gestressten Boreout-Patientinnen und -Patienten. Der Schlüssel zum Erfolg: die legitimerweise abschließbare WC-Türe.

Erika hat ein Funktelefon. Das ist praktisch, denn so kann sie überall telefonieren, auch draußen vor dem Büro. Das macht Erika häufig. Die Nachteile von Grossraumbüros kennen wir: Privates Telefonieren ist schlecht möglich, so weicht man nach draußen aus. Erika tut dies mehrmals täglich. Hier muss sie dem Zeichendruck standhalten: Sie kann nicht so telefonieren, dass es privat aussieht. Sie muss geschäftlichen Inhalt vortäuschen. Erinnern Sie sich an die Nummer mit dem Salat: Der Zeichendruck begleitet einen Boreout-Patienten auf Schritt und Tritt. Wenn er mit den Boreout-Problemen klarkommt, kann er die Zeichen geschickt setzen. Ein privates Telefongespräch mit entsprechender Miene und unterstützenden Gesten wie ein geschäftliches aussehen zu lassen, gehört schon eher zu den schwierigen Aufgaben. Natürlich hatte sie auch einen Grund dafür, weshalb sie immer nach draußen ging: Sie rauchte ihre obligate Zigarette. Dies half ihr zudem, ein Zeichen zu setzen: dass sie nämlich ihre Rauchpause mit einem geschäftlichen Telefonat verbindet und so weniger Arbeitszeit verliert. Erika wurde jedoch mit der Zeit nachlässiger, deswegen begann ich ja auch, sie zu durchschauen.

Nach einem kurzen, sehr kurzen Abstecher zu ihrem neuen Arbeitsplatz schlendert Erika oft zu den Sekretärinnen; mit ihnen scheinen gute Gespräche möglich zu sein. Erika begann, Fotoalben auszutauschen, via Internet über Hotels und Shoppingmöglichkeiten zu diskutieren und war immer häufiger im Sekretari-

at anzutreffen. Sie schien zunehmend weniger Hemmungen zu haben, ihren Boreout öffentlich zur Schau zu stellen. Und doch gab es immer wieder niedliche Versuche, die Unausgelastetheit, die Langeweile zu verstecken: beispielsweise, indem Erika auf ihrem Computer eine ansprechende und eindeutig geschäftlich relevante Datei öffnete, diese wahllos umherschob und gleichzeitig auf dem Pult ein paar Frauenzeitschriften sichtete. Die Botschaft war klar: Viel zu tun, aber man nimmt sich zwischendurch Zeit für eine lockere Abwechslung. Die Botschaft entsprach aber keineswegs der Realität. Die war und ist nämlich umgekehrt: wenig Dokument, dafür viel Zeitschrift.

Erika scheint mit ihrem neuen Arbeitsplatz zufrieden zu sein. Hier ist sie dem Druck der Beobachtung weniger ausgesetzt, denn nur der Baum draußen vor ihrem Fenster hat freie Aussicht auf ihren Bildschirm. Sie kann nun unbeschwert per Internet handeln, Reiseziele aussuchen, sie kann auf ihrem Pult Frauenzeitschriften stapeln, und trotzdem bleiben ihr die Möglichkeiten von Sekretariat, Kaffeeecke und WC erhalten. Das Vier-Orte-Prinzip wird sie weiterhin treu begleiten. Und der Zeichendruck ist geringer geworden, mindestens an einem Ort.«

Wenn man also die Verhaltensstrategien so im Griff hat, dass wirklich keiner das Desinteresse, die Langeweile und die Unterforderung bemerkt, dann gibt es natürlich auch keine deutlichen Symptome. Erst wenn man grundsätzlich die Vermutung hegt, Mitarbeitende könnten am Boreout leiden, entdeckt man Verhaltensmuster, die Indizien dafür sein können. Die von außen erkennbaren Symptome sind also zuerst einmal Indizien. Indizien sind keine Beweise. Wenn sie sich aber häufen und wenn Muster ausgemacht werden können, die den Strategien entsprechen, dann sind die Indizien die Symptome eines Boreout. Dann wird nicht nur der Chef manipuliert, dann werden Sie auch als Arbeitskollege manipuliert. Bei all den Geschichten, all den Verhaltensweisen zeigt sich dann, was wir bereits im Kapitel zu den Boreout-Strategien angesprochen haben: Sie sind eine Form der Manipulation. Sie werden bewusst gegen andere Menschen eingesetzt, um die unerträgliche Unterforderung zu vertuschen.

Die äußeren Symptome sind weniger eindeutig als die inneren: Sich selbst zu belügen, das geht zwar auch, aber spätestens nach der Lektüre dieses Buches kann man sich eigentlich nichts mehr vormachen. Bei dieser Selbsteinschätzung geht es um Ehrlichkeit, bei der Diagnose anderer um Boreout-Kompetenz – und zugegebenermaßen auch um Voyeurismus.

Es gibt ein Ereignis am Arbeitsplatz, bei dem der Boreout offensichtlich wird – natürlich nur, wenn Sie darüber Bescheid wissen, aber das tun Sie ja nach der Lektüre der Geschichte von Erika. Wir reden vom internen Umzug. Eine oft mühselige Angelegenheit mit positiven und negativen Aspekten. Sie kennen es: Einmal alle zwei Jahre wechseln Sie Ihren Schreibtisch, das Stockwerk, das Gebäude. Sie wechseln nur den Arbeitsplatz, nicht die Stelle. Sie ziehen also mit Mitarbeitenden um, die Sie meist schon etwas länger kennen. Jetzt muss man sich auch über die Frage einigen, wer genau wo sitzen wird. Die Sitzposition ist häufig ein Diskussionsthema, und damit sind wir bei des Pudels Kern. Sie haben bei der Standortwahl oft gute und schlechte Plätze zur Auswahl. Welches sind nun schlechte Plätze – und welches sind die guten? Oft werden Sie hören: »Hier ist es aber viel lauter!« oder »Mir scheint der Raum dunkler und düsterer!« Es gibt aber auch das: »Dies ist ein schlechter Platz, weil man da mit dem Rücken zur Tür sitzt.« Das scheint plausibel, und wer schon von Feng Shui gehört hat, weiß, dass die allgemeine Harmonie gestört ist, wenn der Rücken zur Tür zeigt. Weitere Argumente werden ausgetauscht: »Wenn du mit dem Rücken zu dieser Glaswand sitzt, starren dir alle auf den Bildschirm. Vor allem wenn Kunden vorbeikommen, ist das nicht schlau.« Gute Anmerkung. Nur: Eigentlich ein Argument dagegen, überhaupt da zu sitzen. Oder haben einige Mitarbeitende wichtigere Daten als die anderen? Wohl kaum. Denn hier geht's überhaupt nicht um Geheimhaltung oder Feng Shui. Hier geht's nur um eines: um den Boreout und die Strategien. Beim Umzug werden Sie schnell merken, wer diese pflegt. Die meisten Boreout-Betroffenen wollen nicht, dass es freien und unangekündigten Blick auf den Bildschirm gibt, oder andersherum: Die wenigsten finden es toll, mit dem Rücken zur Tür, zur Glaswand oder zum Gang zu sitzen, ohne dass eine Zimmerpflanze oder ein Gestell die Sicht einschränkt.

Sie argumentieren mit der Gesundheit, mit Ruhe und Unruhe, mit Geheimhaltung oder eben mit Feng Shui. Feng Shui in Ehren, aber wenn Sie nach dem Umzug etwas auf diese Kollegen achten, werden Sie schnell feststellen, dass sie oft beschäftigter tun, als sie es wirklich sind. Und dass sie irgendwann eine Wand oder einen Gummibaum im Rücken haben, denn Wände haben ja höchstens Ohren, aber keine Augen ...

Wenn Menschen innerlich am Boreout leiden

Erika scheint sich auf den ersten Blick mit ihrer freien Zeit bei der Arbeit ganz gut arrangiert zu haben. Doch wir wissen: Der Schein trügt. Diesen Zustand wird Erika nicht lange aushalten – wenn sie vor sich selbst ehrlich zugibt, dass sie im Grunde unzufrieden mit ihrer Situation ist. Wegen ihrer Vertuschungsmanöver verliert sie langfristig zwar viel Energie. Aber sie müsste kurzfristig auch viel Energie aufwenden, wenn sie etwas ändern wollte. Deswegen dauert es lange, bis sie sich eingesteht, an einem Boreout erkrankt zu sein, und tatsächlich Änderungen einleitet. In diesem Zusammenhang interessiert uns, wie sie es innerlich realisiert, am Boreout zu leiden. Innerliche Symptome wiegen ungleich schwerer als die äußerlichen Zeichen, die Alex bei seiner Arbeitskollegin Erika beobachtet hat. Denn hier es geht um die Folgen des Boreout für die ganze Person, es geht um die Gefühlslage, die den Betroffenen den ganzen Tag begleitet

– nicht nur während der Arbeitszeit oder während seiner freien Zeit bei der Arbeit, sondern auch in seiner wirklichen Freizeit außerhalb des Arbeitsplatzes. Deshalb verwenden wir in diesem Abschnitt auch den Begriff »Betroffene«, denn nach Feierabend sind sie keine Arbeitnehmer mehr, wohl aber vom Boreout beziehungsweise seinen Symptomen betroffen.

Beginnen wir mit dem Morgen eines typischen Arbeitstages, der vom immer gleichen Ton des Weckers eingeläutet wird. Wer am Boreout leidet oder sich auf dem Weg dorthin befindet, der verspürt bereits kurz nach dem Aufstehen ein mulmiges Gefühl in der Magengegend. Es ist ein Gefühl des Unwohlseins, ausgelöst durch die Aussicht, den ganzen Tag bei der Arbeit zu verbringen. Nicht, dass dem Betroffenen speiübel ist. Aber er stellt sich vor, was er heute wohl zu erledigen hat, was auf ihn während des Tages zukommt. Er denkt an die aus seiner Sicht unbedeutenden, immer gleichen Probleme und Aufgaben und wie egal ihm das alles eigentlich ist. Er verflucht die Monotonie, die ihn in ihren Fängen hat: zur Arbeit mit dem immer gleichen Zug, begleitet durch die immer gleichen Mitreisenden; der immer gleiche Arbeitsort mit den immer gleichen Leuten; und insbesondere eine Arbeit, die ihn nicht im Geringsten motiviert und deren spannendste Zeiten längst vorbei sind. Dieses Gefühl gipfelt in dem Seufzer: »Nervt mich das heute wieder, arbeiten zu gehen!«

Mit diesen Emotionen geht der Betroffene zur Arbeit. Wie er sich dort fühlt, ist uns mittlerweile bekannt: schlecht, ratlos, natürlich gelangweilt, desinteressiert, unterfordert – er verhält sich nicht ehrlich, was oft anstrengend und ermüdend ist. Er leidet an diesem Kampf. Er spürt Unzufriedenheit und Frustration. Während der Arbeit erlebt er den Boreout am intensivsten, denn es ist schließlich genau diese Arbeit, die ihn sich schlecht fühlen lässt. Er wendet die Strategien an und hält sich Uninteressantes möglichst vom Leibe. Mit der Zeit kann es so weit kommen, dass ihn wirklich spannende

Tätigkeiten nicht mehr interessieren und er sich auch davor mit Strategien schützt. So erlebt er den Tag als verloren, und nur die Vorfreude auf den Feierabend oder auf das ohnehin zu kurze Wochenende bringt ihm kurze Momente der Zufriedenheit.

Seinen wirklich fiesen Charakter zeigt der Boreout dann nach Feierabend. Fies deshalb, weil die Symptome der Unzufriedenheit nicht mehr ganz so einfach dem Boreout zuzurechnen sind und weil der Boreout sich nicht einfach auf Knopfdruck abstellen lässt, wenn der Betroffene das Büro verlässt. Er ist sich vielleicht gar noch nicht bewusst, dass sein Unwohlsein am Abend einen Bezug zur Arbeit haben könnte. Nach Dienstschluss geht es also nach Hause. Und obwohl er den ganzen Tag nur wenig gearbeitet hat, jetzt frei von Arbeit ist und seine Freizeit genießen könnte, fühlt der vom Boreout Betroffene sich nicht gut. Das äußert sich folgendermaßen:

Müdigkeit

Der Betroffene ist müde, matt und ausgelaugt. Er fühlt sich faul und er gibt sich, mangels Energie, dieser Faulheit hin. Hier noch einmal zur Wiederholung: Faulheit ist eben kein Teil des Boreout, sondern vielmehr eine Folge davon. Der Betroffene will nur noch ausruhen und schläft vor dem Fernseher ein.

Gereiztheit

Der Betroffene ist gereizt, da er das Gefühl der Unzufriedenheit von der Arbeit mit nach Hause nimmt. Er ist mürrisch und reagiert empfindlich auf jede Kleinigkeit. Gehässiges Benehmen kann den Lebenspartner treffen, der vom wirklichen Gefühlszustand des Betroffenen keine Ahnung hat.

Lustlosigkeit

Der Betroffene hat keine Lust, etwas zu tun, obwohl er ja bereits den ganzen Tag lang nicht viel getan hat. Jetzt hätte er Zeit, ermunternden Hobbys nachzugehen. Zu Beginn helfen diese, den aufgestauten Frust während des Tages vergessen zu lassen. Mit der Zeit jedoch wird eine scharfe Trennung zwischen Erfüllung in der Freizeit und einer Arbeitszeit, die den Betroffenen unzufrieden macht, kaum mehr möglich.

Introvertiertheit

Ist der Betroffene keine kommunikative Persönlichkeit, so verschließt er sich immer mehr in seiner eigenen Gedankenwelt. Er wird ein Gefangener seiner Unzufriedenheit und frisst die negativen Erlebnisse des Tages in sich hinein. Holen ihn seine Eltern oder Bekannte in die Realität zurück mit der Frage: »Und? Wie geht's bei der Arbeit?«, antwortet er ausweichend: »Na ja, alles in Ordnung, viel zu tun halt, wie immer!« So beginnt er, eine Fassade aufzubauen.

Zum Schluss dieses Abschnitts verändern wir kurz den Blickwinkel und betrachten ein weiteres Mal das brüderliche Verhältnis des Boreout zum Burnout. Bei den Symptomen gibt es – weit mehr als bei den Ursachen – Ähnlichkeiten zwischen den beiden Phänomenen. Denn die oben beschriebenen Symptome sind auch beim Burnout beobachtbar, ebenso wie ein Gefühl der inneren Leere, der Verzweiflung oder der Ungewissheit, einen Ausweg aus dem Dilemma finden zu können.

Bestimmte Symptome hingegen finden sich primär bei Burnout-Betroffenen, womit wieder das Gegensätzliche in den Vordergrund rückt. Dies hilft uns aber auch, den Boreout besser zu verstehen, indem wir ihn nämlich vom Burnout abgrenzen:

- Der Burnout-Betroffene beschäftigt sich oft in seiner Freizeit mit Sachfragen aus seiner Arbeit; dem Boreout-Betroffenen sind die Fragestellungen des Unternehmens dagegen egal. Nicht eine Sekunde verliert er außerhalb der Arbeitszeit damit, über Lösungen für Probleme des Unternehmens nachzudenken.

- Der Burnout-Betroffene fühlt sich von seiner Arbeit überlastet, beim Boreout-Betroffenen trifft das Gegenteil zu: Er ist unterfordert und nicht im Geringsten ausgelastet. Der Burnout-Betroffene ist gestresst, der Boreout-Betroffene tut nur so.

- Der Burnout-Betroffene fühlt sich »ausgebrannt«; der Boreout-Betroffene hingegen fühlt sich »ausgelangweilt«. Es ist nicht mehr nur die »lange Weile«, sondern eine unerträgliche Ewigkeit von Leere. Langeweile ist absehbar – lange zwar, aber mit spürbarem Ende. Wenn die Langeweile anhält und ohne Ende einfach dauert, dann hat ist man einfach irgendwann ausgelangweilt. Dann ist man auf einer höheren Stufe angelangt.

Zusammenfassend lässt sich sagen: Der Boreout zeigt sich sowohl während der Arbeitsstunden wie auch in der Freizeit. Was man vom Boreout von außen beobachten kann, sind Indizien – aber erst, wenn man das Phänomen Boreout überhaupt kennt. Die innerlich wahrnehmbaren Symptome werden anfänglich meist verdrängt, bis man mit der Zeit selber merkt, dass irgendetwas nicht stimmt. Der fiese Charakter des Boreout führt dazu, dass sich der Betroffene auch außerhalb der Arbeit unzufrieden fühlt; er nimmt seine Unzufriedenheit mit nach Hause. Es zeigen sich Anzeichen einer eigentlichen Depression. Natürlich gibt es Arbeitnehmer, die zwischen Arbeit und Freizeit scharf trennen können und denen es egal ist, wie sie sich den ganzen Tag lang fühlen. Den meisten gelingt dies jedoch genauso wenig, wie sie private Probleme einfach an der Eingangstüre zum Büro zurücklassen können. Sobald der Boreout auch außerhalb des Arbeitsplatzes spürbar wird, ist definitiv der

Zeitpunkt gekommen, sich über den Berufsalltag ernsthafte Gedanken zu machen.

Exkurs: Und die Kunden?

Wir haben beschrieben, wie sich der Boreout beim betroffenen Arbeitnehmer äußert. Eine interessante Frage blieb jedoch bis dahin unbeantwortet: Sind auch die Kunden eines Unternehmens indirekt vom Boreout betroffen? Bei der Fülle an geboreouteten Arbeitnehmern trifft ein Kunde unweigerlich dann oder wann auf einen Mitarbeiter, der mit seiner Arbeit unzufrieden ist und somit nicht mehr seine volle Leistung erbringt. Genau dieses Zusammentreffen eines Konsumenten, der bereit ist, sein Geld auszugeben, sowie eines Arbeitnehmers, den die Probleme und Wünsche des Kunden nicht interessieren, kann ziemlich spannungsgeladen ausfallen.

Obwohl sich sämtliche, ja sämtliche Unternehmen Kundenzufriedenheit und Top-Kundenservice auf die Fahne geschrieben haben, bleibt genau dies oft auf der Strecke. Ist es Ihnen nicht auch schon passiert, dass Sie als Konsumentin oder als Konsument schlecht behandelt wurden? Es gibt unzählige Beispiele:

- Sie möchten eine Urlaubsreise buchen, bekommen die entsprechenden Informationen jedoch erst eine Woche später als vereinbart.
- Sie möchten Ihre Haftpflichtversicherung neu abschließen, müssen aber auf einen Termin wochenlang warten.
- Eine Beschwerde Ihrerseits wird nicht ernst genommen.
- Sie sind mit etwas unzufrieden und drohen damit, eine Dienstleistung oder ein Produkt künftig beim Konkurrenten zu bezie-

hen. Die Antwort: »Tja, das müssen Sie dann selber wissen«, oder ein schlichtes, gleichgültiges »Und?«

Wer kennt solche oder ähnliche Situationen nicht aus eigener Erfahrung? Damit haben wir auch schon die Antwort auf unsere eingangs gestellte Frage: Ja, der Boreout kann das Konsumerlebnis eines Kunden beeinflussen. Es geht hierbei nicht um die Frage, mit welchen Strategien der Arbeitnehmer sich vor der Arbeit dem Kunden gegenüber drücken kann. Wir legen hier den Fokus vielmehr auf die Unzufriedenheit, die aus dem Boreout resultiert und die der Kunde am eigenen Leib zu spüren bekommt. Der Boreout kann sich also durchaus in schlechtem Kundenservice äußern. Einen vom Boreout geplagten Arbeitnehmer interessieren die Anliegen oder die Probleme des Kunden nicht. Das ist nicht verwunderlich, denn es ist nicht einfach, mit dem Boreout umzugehen. Es kostet ihn eine Unmenge an Überwindung, seine Arbeit überhaupt zu erledigen. So viel Überwindung, wie es Sie beispielsweise kostet, wenn Sie einen entfernten, leicht unsympathischen Bekannten zum Essen einladen müssen, darauf aber absolut keine Lust haben. Sie nehmen sich vor, ihn anzurufen, verschieben es aber Tag um Tag, weil Ihnen vor dem Anruf graust. Schließlich tun Sie das Unvermeidliche und nehmen den Telefonhörer in die Hand. So ähnlich geht es einem am Boreout leidenden Arbeitnehmer, der sich mit Kunden, die ihm egal sind, über etwas unterhalten muss, das ihn nicht interessiert und zudem langweilt. Also: Überlegen Sie sich beim nächsten Mal, wenn Sie auf einen leicht unmotivierten Arbeitnehmer treffen, ob nicht vielleicht der Boreout seine Finger mit im Spiel haben könnte. Oder ob der Kunde, mit dem Sie selber gerade telefonieren, Sie beziehungsweise Ihren Boreout entlarvt.

Wer ist betroffen – und wer nicht?

Bei der Frage nach den Ursachen des Boreout haben wir den Blick auf die individuellen Faktoren gerichtet. Weshalb leidet jemand am Boreout? Sie werden nach der Lektüre dieses Buches merken, ob auch Sie betroffen sind oder nicht – wenn Sie ganz ehrlich zu sich selber sind.

Wir wollen uns grundsätzlicheren Fragestellungen widmen. Zu diesem Zweck gehen wir vermehrt auf die Umgebung und die Strukturen ein, in denen der Boreout vorzüglich »gedeihen« kann. Wir möchten einerseits darlegen, dass praktisch alle Arbeitnehmer vom Boreout betroffen sein können, wir wollen aber auch die wahrscheinlicheren oder beinahe unmöglichen Fälle aufzeigen.

Was schützt vor dem Boreout – Hierarchie oder Eigentum?

Eine triviale Feststellung zu Beginn: Vom Boreout betroffen sind Arbeitnehmer, die für ein Unternehmen arbeiten, das ihnen nicht selbst gehört. Meistens sind solche Unternehmen hierarchisch aufgebaut: Es gibt die Arbeitnehmer ohne besondere Verantwortung (die Mehrheit) und die Chefs, welche an der eigentlichen Führung des Unternehmens beteiligt sind (die Minderheit). Allgemein würde man erwarten, dass die Mehrheit am Boreout und die Minderheit am Burnout leidet. Danach scheint eine hohe hierarchische Stellung im Unternehmen gleichbedeutend mit hoher innerer Beteiligung zu sein. Dem ist jedoch nicht immer so. Denn die Nähe zur Arbeit und zum Unternehmen resultiert nicht aus der Position, die jemand innehat, sondern aus der persönlichen Bindung an die Firma. Eine hohe hierarchische Stellung schützt also nicht zwangsläufig vor dem Boreout, selbst die Verantwortungsträger können daran und nicht immer nur am Burnout leiden.

Auch Alex beginnt sich intensiver Gedanken um das Phänomen Boreout zu machen und will wissen, ob das auch einen hochrangigen Vorgesetzten treffen könnte. Er nimmt Kontakt mit einigen von ihnen auf, gibt sich als Journalist aus und will durch seine Recherchen dem Problem näher kommen. Aber ohne Erfolg. Die Chefetagen schwiegen zum Thema Boreout. Deshalb hat sich Alex ausgemalt, wie ein Interview mit einem CEO ungefähr verlaufen könnte:

Alex: »Wie geht es Ihnen heute?«

CEO: »Ausgezeichnet, herzlichen Dank der Nachfrage. Jeder Tag im Büro ist eine Freude und Herausforderung!«

Was er eigentlich meint (Weem): »Na ja, es ginge mir besser, wenn ich auf meiner Jacht irgendwo auf dem Mittelmeer wäre.«

Alex: »Danke, dass Sie sich dennoch kurz Zeit genommen haben. Ich hoffe, Sie nicht bei etwas Wichtigem zu unterbrechen?«

CEO: »Aber nein, keine Sorge. Ich bin zwar mächtig im Stress, weiß aber als Mann in einer verantwortungsvollen Position (lehnt sich zurück in seinen Ledersessel und scheint zu denken: Gott, bin ich wichtig), dass man sich den Fragen der Öffentlichkeit dann und wann stellen muss.«

Weem: »Müssen Sie gerade jetzt kurz vor 16 Uhr kommen? Ich wollte eigentlich heute golfen gehen!«

Alex: »Sind Sie stolz auf Ihre Karriere?«

CEO: »Ich bin von Natur aus ein bescheidener Mensch, der immer hart für alles gearbeitet hat. Es geht mir weniger um mich als um die Aufgabe, die ich auf dieser Welt, vor allem in meinem Unternehmen, zu erfüllen habe. Da bleibt für persönliche Jubelgesänge einfach keine Zeit.«

Weem: »Klar! All die Stümper aus der Schulzeit haben es ja nie so weit gebracht wie ich! Und zu mir kann ich ja ehrlich sein: Ich war halt einfach immer zum richtigen Zeitpunkt am richtigen Ort und habe mich niemals irgendwie in die Nesseln gesetzt.«

Alex: »War Ihr ganzes Leben von harter Arbeit geprägt?«

CEO: »Schon in meiner Jugend habe ich entdeckt, dass man für das, was man will, etwas leisten muss. An dieses Motto habe ich mich zeit meines Lebens gehalten.«

Weem: »Die waren so gemein zu mir in der Schule und haben mich immer gehänselt: ›Schau mal, der Streber mit den Brillengläsern, die wie Flaschenböden aussehen! Gehst du wieder nach Hause zu Mama? Ha, Ha!' Darum habe ich mich in Bücher geflüchtet und gelernt.« (Er weint innerlich.)

Alex: »War Ihnen bei der Arbeit schon jemals langweilig? Oder fühlten Sie sich unterfordert?«

CEO: »Aber nein, wo denken Sie hin! Langeweile ist ein Fremdwort für mich. Und alle meine Jobs waren immer eine interessante Herausforderung!«

Weem: »Na ja, damals, als ich mein erstes Einzelbüro hatte, musste ich einfach einmal die Türe abschließen und am Boden ein Nickerchen machen. Mein Job war einfach zu langweilig, immer dasselbe, da konnte ich einfach nicht mehr!«

Alex: »Können Sie verstehen, dass es in Ihrem Unternehmen Arbeitnehmer gibt, die am Boreout leiden?«

CEO: »Ich habe von diesem Phänomen gelesen, aber ich kann Ihnen eines versichern: In meinem Unternehmen gibt es das nicht. Wir sind wie eine große Familie, haben uns gern und sprechen offen über alles. Zudem sind die Jobs, die wir anbieten, spannend. Und nicht zu vergessen: Wir haben gut ausgebildete Führungskräfte, welche die Sorgen unserer Mitarbeiter ernst nehmen.«

Weem: »Ach, wissen Sie, solange mein Lohn pünktlich eintrifft und das Unternehmen wegen dieses Boreout-Dingsda nicht gerade Konkurs macht, ist mir das eigentlich egal.«

(Das Gespräch wird beendet und der CEO entschwindet zum Golfen.)

Der geschilderte Fall ist wohl kaum überzeichnet. Die materielle Entlohnung ist hoch, das schafft Distanz. Zudem haben Arbeitnehmer in gehobenen Positionen oft ein schönes Einzelbüro und gehen dort Tätigkeiten nach, die nicht so einfach verstanden werden: Je isolierter er wirkt und je weniger nachvollziehbar ist, was ein Chef tut, desto wahrscheinlicher ist, dass er gar nichts tut. Der CEO aus unserem Interview hat sicherlich gut zu tun, aber auch er schlängelt sich so durch den Tag. Selbst in den Chefetagen kann also Stress übertrieben dargestellt werden. Es bleibt immer noch genug Zeit für viele andere Dinge.

Alex' fiktiver Interviewpartner interessiert sich, wie so viele andere Führungskräfte, fürs Golfen. Da ist es nahe liegend, dem Golfmagazin die gebührende Aufmerksamkeit zu schenken oder ein Geschäftsessen mit einem Kunden gerade noch mit einem Golfspiel zu verbinden. Wer würde daran zweifeln, dass er diese Bürde nur aus geschäftlichen Gründen auf sich nimmt? Wer würde schon realisieren, dass ihm die Pseudo-Network-Strategie hilft, länger als nötig der Arbeit fern zu bleiben? Niemand. Aber wäre es wirklich so oft nötig?

Drehen wir den Spieß um und formulieren die Frage anders: Würde der CEO oder ein anderer Arbeitnehmer in hoher Position gleich handeln, wenn es sein eigenes Unternehmen wäre? Wohl kaum. Denn dann hätte er in solchen oder ähnlichen Situationen ein schlechtes Gewissen, seine Zeit mit etwas Unnötigem zu verplempern. Und hier sind wir bei einem wesentlichen Abgrenzungsfaktor angelangt, der dem Boreout keine Chance lässt: dem Eigentum an einem Unternehmen. Wer sein eigenes Unternehmen führt, steckt sein ganzes Herzblut in seine Arbeit und leidet mit Sicherheit nicht am Boreout. Denn es interessiert ihn, was er tut. Er kann sich selbst fordern, und würde er die bekannten Strategien anwenden, wäre das geradezu grotesk. Das würde dann ungefähr so klingen: »Ich wende jetzt die Lärm-Strategie an, mal schauen, ob ich merke, dass ich eigentlich gar nicht arbeite!« Die triviale Aussage zu Beginn, dass Arbeitnehmer vom Boreout betroffen sind, relativiert sich also mit der Feststellung, dass Selbstständige eben nicht am Boreout leiden, da ihr Involvement fast zwangsläufig hoch ist. Eine hohe hierarchische Position schützt demnach nicht vor dem Boreout, Eigentum am Unternehmen jedoch schon. Zwar können auch die »normalen« Arbeitnehmer, die Mehrheit, Begeisterung für die Arbeit zeigen und den Willen demonstrieren, im Unternehmen aufzusteigen. Aber genau hier liegt ja der Hund begraben: Das Unternehmen lässt den Arbeitnehmer dieses Involvement oft nicht ausleben, stattdessen lässt es ihn unterfordert, desinteressiert und ausgelangweilt vor sich hin arbeiten.

Ein weiteres strukturelles Element hierarchischer Arbeitsverhältnisse sind die Geschäftsreisen. Wer hierarchisch höher gestellt ist, kann diese Möglichkeit entsprechend besser nutzen. Die Fragen dazu liegen auf der Hand: Wer darf gehen? Wie oft? Und warum? Da kommt es oft zu Ungerechtigkeiten. Aus Boreout-Sicht kann eine Geschäftsreise nämlich die passende Gelegenheit schaffen, aus dem grauen Arbeitsalltag auszubrechen oder sich tatsächlich im Büro ein wenig freier zu fühlen. Es gibt also zwei Betroffene: den Verlassenen und den Verlassenden. Und jeder der beiden erfährt und lebt den Boreout auf seine eigene, spezielle Weise. Hören wir zuerst einem leitenden Angestellten zu, dem »Verlassenden«, bevor wir uns seinem Assistenten zuwenden, dem »Verlassenen«.

Der Verlassende
»Ich habe ein gutes Gefühl. Ein paar Tage London sind schließlich nicht schlecht. Unser Konzern schickt mich bereits zum vierten Mal in die britische Metropole. Die Meetings sind zwar nicht unbedingt nötig, die persönlichen Kontakte machen mir aber schon Spaß. Und Dave, der Projektleiter vor Ort, ist bereits ein guter Kollege von mir. Natürlich habe ich die Meetings so gelegt, dass ich auch ein paar freie Minuten habe. Donnerstag ab 10 Uhr ist ideal – da bleibt genug Zeit zum Ausschlafen, den Freitag hänge ich dran, indem ich ein Meeting als Lunch auf den Mittag packe, so habe ich bis Sonntagabend genug Zeit fürs Shopping. Es ist schmeichelhaft zu wissen, dass ich von hier aus nach London fliegen muss, weil dort niemand meinen Job machen kann. Die Briten sind ja auch nicht gerade die Dümmsten. Und immerhin: Ich schaue ja auch, dass ich nicht zu viele Meetings für die Klärung der offenen Fragen brauche. Wenn ich am Wochenbeginn wieder im Büro sein werde, weiß niemand genau, was ich alles gemacht habe. Da kann ich mir gut den Montag und den Dienstag für die Nachbearbeitung des London-Aufenthaltes im Kalender blockieren. Und gestern, am Mittwoch, hab ich Vorbereitungen getroffen. Wenn man es genau nimmt, kann ich mit den beiden Meetings in London eine Arbeitswoche frei nehmen. Natürlich ist mir egal, was inhaltlich wirklich rauskommt. Ent-

scheidend ist das Formulieren im Rahmen der Nachbearbeitung. Es ist wichtig, Arbeitsschritte gut zu dokumentieren und klarzumachen, dass ein Follow-up bald nötig sein wird. Beim nächsten Mal werde ich die Sitzung am Montag um 14 Uhr in London ansetzen. Das heißt: Am Morgen lohnt es sich nicht mehr, ins Büro zu gehen, und da das Meeting länger gehen könnte, werde ich den Rückflug auf Dienstagabend legen – alle anderen Flüge sind dann eben ausgebucht (wer wird das je nachprüfen?). Dann habe ich vor Ort immer noch die Möglichkeit, ein Geschäftsessen auf Dienstagabend anzusetzen, sodass ich (beziehungsweise meine Sekretärin in Zürich) den Flug auf Mittwoch verschieben muss. Mit Eventualitäten (vielleicht muss ich Mittwochmorgen noch jemanden treffen ….) begründe ich, dass ich am Mittwochabend fliegen will. Und schon stehen wieder ein paar Tage London auf meinem Plan. Wichtig dabei: Das Team zu Hause muss Arbeit haben, sonst wird's denen langweilig. Und sonst stellen sie Fragen.«

Aus der Perspektive des Assistenten sieht ein solcher Geschäftstrip natürlich etwas anders aus. Ist die Katze aus dem Haus, tanzen die Mäuse – er betrachtet alles aus dem Blickwinkel des an Boreout leidenden Verlassenen.

Der Verlassene

»Während der Chef im Ausland weilt, verbleibt das Team im Hause. Also auch ich. Ich frage mich, warum der Chef so oft reisen muss. Und warum ich niemals reisen kann. Ich habe eine Theorie: Der Chef macht Business- Trips, weil niemand sonst das kann, was der Chef kann. Das gilt auch für mich. Der Arbeitsalltag ändert sich, wenn der Chef nicht da ist: Man kann noch so gut miteinander auskommen, aber der Chef bleibt der Chef. Wenn er weg ist, verhält man sich einfach anders, mehr wie einem eigentlich ist. Das sieht dann so aus:

- *Ich komme ein bisschen später zur Arbeit (Hinweis: Das funktioniert natürlich nur, wenn es die Teamkultur zulässt und mich niemand hinter meinem Rücken beim Chef verpfeift)*

- *Eine oder zwei Pausen mehr pro Tag sind schon drin; oft dauern die Pausen einfach ein bisschen länger.*

- *Nach dem Mittagessen gönne ich mir einen zweiten Espresso und renne nicht sofort ins Büro zurück.*

- *Da ich am Morgen ein bisschen später zur Arbeit gekommen bin, gehe ich am Abend dafür ein bisschen früher. Das ist nur möglich, wenn kein Kontrollanruf vom Chef erwartet wird – dann darf ich die Umleitung aufs Handy nicht vergessen.*

- *Ich kann endlich frei im Internet surfen, ohne dass ich meinen Bildschirm immer wieder mit vorgefertigten Excel-Tabellen zudecken muss. Es ist herrlich: Ich kann, wenigstens während einer gewissen Zeit, auf meine Strategien verzichten.«*

Exkurs: Personalverantwortung mit Boreout

Eine im Zusammenhang mit dem Boreout besonders interessante Abteilung in einem Unternehmen ist die Personalabteilung beziehungsweise das Human Resources Department (HR). Es hat die Aufgabe, dafür zu sorgen, dass alles rund läuft im Unternehmen und alle Arbeitnehmer rundum motiviert sind. Das HR sollte somit vom Boreout nicht betroffen sein. Wir wollen das genauer wissen und beleuchten das Verhältnis vom HR zum Boreout.

Eigentlich müsste der Boreout dem HR ein Dorn im Auge sein. Was denken Sie: Leidet das HR in Ihrem Unternehmen am Boreout? Ein Wink mit dem Zaunpfahl könnte die oft gehörte Vorstellung von

HR-Verantwortlichen sein, dass auch die unproduktive Zeit der Arbeitnehmer eigentlich produktiv sei (sogenannter »Creative Waste«), da sie dem Zwischenmenschlichen, der Unternehmenskultur und dem eigenen Wohlbefinden diene. Könnte diese Aussage darauf hindeuten, dass man sich mit dem Übel (dem »Waste«) abfindet und mit dem Wort »Creative« lieber das Positive herausstreicht, als der bitteren Wahrheit ins Auge zu sehen?

Lassen Sie uns dazu folgenden Vergleich anstellen: Eine Mutter leidet an Kleptomanie und bringt ihren Kindern bei, dass Klauen zwar nicht gerade richtig, aber in gewissen Situationen durchaus tolerierbar sei. So auch hier: Die HR-Verantwortlichen, die am Boreout leiden, werden den Kollegen Arbeitseifer diktieren, aber ihnen gerne dann und wann sogenannte »Teambuilding-Anlässe« aufzwingen, die meistens zu nichts anderem dienen als der Flucht vor der Arbeit und somit zur Förderung des Boreout. Der Boreout ist zwar schlecht und wird nicht toleriert, aber manchmal, ja manchmal sollte man ihn doch ausleben können. Spinnen wir das Beispiel der klauenden Mutter weiter, so werden die HR-Verantwortlichen natürlich alles unternehmen, um selbst nicht entdeckt zu werden, den Verdacht auf andere zu lenken und – wie im Beispiel vom Teambuilding-Anlass skizziert – Gelegenheit zu schaffen, die »Sucht« gemeinsam auszuleben. Das lässt sich wunderbar legitimieren: »Ja, das Event war schon etwas lange, teuer und aufwendig – aber es hat allen Spaß gemacht.« Klar, schließlich musste niemand arbeiten. Ungefähr so wie im Schlaraffenland, wo einem die gebratenen Tauben in den Mund fliegen.

Das ist kein Rundumschlag gegen Teambuilding und die HRVerantwortlichen. Doch fest steht auch, dass von dieser Seite nicht alles getan wird, um dem Boreout zuvorzukommen. Die Personalabteilung ist nicht gefeit vor dem Boreout, obwohl es eigentlich die Kernkompetenz dieser Abteilung ist, solchen Fragen nachzugehen. Anders ausgedrückt: Auch ein Polizist kann an Kleptomanie leiden.

Boreout-Treiber am Schreibtisch

Nun wollen wir der Frage nachgehen, in welchen Sektoren der Boreout vorkommt. Der Boreout ist in erster Linie ein Phänomen unserer Dienstleistungsgesellschaft und der sich darin entwickelnden Berufe, wo man – meist an einem Schreibtisch – einfach so vor sich hin arbeiten und schwammige Resultate präsentieren kann. Er kommt vor in Berufen, bei denen man zu Spitzenzeiten im Stress ist, aber danach wieder für unzählige Stunden nicht weiß, was man tun soll, außer in Zeitschriften oder im Internet zu blättern. Und sich im Dilemma befindet, dass man genau das nicht offen zeigen kann.

In der Schweiz nennt man eine Aufgabe, die man in der Zukunft zu erledigen hat, von der man aber früher weiß, eine Pendenz. Nun gibt es Berufe, die haben keine Pendenzen, To-do-Listen oder später abzuarbeitenden Aufgaben. So fährt ein Busfahrer den Bus und erledigt seine Arbeit sofort. Auch die Reinigungskraft, die mit der Arbeit beginnt und nach Beendigung ihrer Arbeit alles sauber hinterlassen muss, kennt keine Pendenzen. Ein Beamter oder eine Bürokraft jedoch haben typischerweise viele verschiedene, anstehenden Aufgaben. Sie können das Tempo der Erledigung relativ selbstständig beeinflussen und werden dabei durch die Pseudo-Burnout-Strategie geradezu unterstützt. Wer einen solchen Job hat, kann demnach seinen Arbeitsprozess relativ selbstständig steuern. Die Pendenz ist ein Boreout-Beschleuniger. Wenn man keine Lust und keinen Druck hat, anstehende Aufgaben zu erledigen, verschiebt man sie einfach noch weiter in die Zukunft oder schiebt sie innerhalb des Teams ab, am besten, ohne dass der Empfänger dies merkt. Relativ frei abzuarbeitende Aufgaben können also durchaus als Boreout-Beschleuniger betrachtet werden: Schreibtischjobs sind daher anfälliger für Boreout. Und die selbstgeplante Aufgabenerfüllung hat eine wichtige Funktion im Zusammenhang mit den Boreout-Strategien – sie macht es erst möglich, diese Strategien auf breiter Basis anzuwenden.

Wenig Chancen für den Boreout

Halten Sie es für möglich, dass ein Kellner am Boreout leidet? Er könnte zum Beispiel, wenn Sie zahlen möchten, so tun, als ob er Sie nicht sehen würde, während er hinter dem Tresen seelenruhig eine Zeitschrift liest. Oder er bringt Ihnen zu Beginn des Essens die Karte, taucht während der nächsten fünfzehn Minuten nicht mehr auf und Sie haben keine Ahnung, wo er steckt. Vielleicht verbirgt sich hinter solchen scheinbaren Unachtsamkeiten, die wir in Restaurants wohl alle schon erlebt haben, der Boreout?

Unwahrscheinlicher ist da der Fall des Taxifahrers, der kaum konstant vortäuschen wird, mit Passagieren beladen zu sein, und winkende Gäste einfach am Straßenrand stehen lässt. Genauso wenig wird ein Polizist einem Einbrecher oder einem Drogenhändler unbeteiligt bei seiner »Arbeit« zusehen, weil er sich davor fürchtet, einen Bericht tippen zu müssen. Es handelt sich hierbei um Berufe, bei denen die Arbeit unmittelbar anfällt und der Arbeitnehmer sofort tätig werden muss. Er muss das tun, wofür er angestellt ist. Klar, er kann dies mehr oder weniger motiviert absolvieren, seine Arbeit kann ihn nicht interessieren, ihn langweilen oder unterfordern. Aber er kann nicht lediglich vortäuschen, seine Arbeit zu erledigen, ähnlich einem Pantomimen. Nicht wie bei den oben genannten Schreibtischjobs.

In gewissen Berufen oder Situationen kommt der Boreout tatsächlich nicht vor. Könnte zum Beispiel eine Erzieherin im Kindergarten am Boreout leiden? Nein, kann sie nicht. Denn sie kann keine Strategien anwenden, die ihr helfen, nur so zu tun, als ob sie die Kinder wirklich betreuen würde. Sie hat eine ungeheure Verantwortung, die sie konstant wahrnehmen muss. Oder der Chirurg: Könnte er während einer Operation versucht sein, irgendeine Art von Strategie zu entwickeln, um sich vor der eigentlichen Arbeit zu drücken? Nein, kann er nicht, da auch er eine ungeheure Verantwortung trägt.

Würde er diese nicht wahrnehmen (worauf die Strategien hinauslaufen), hätte dies schwerste Konsequenzen.

Alex hat sich überlegt, wie eine solche Operation ablaufen und wie sich ein an Boreout leidender Chirurg verhalten würde. Eine Situation, die sich glücklicherweise nur in Alex' Kopf abspielt und somit ins Reich der Fantasien gehört:

Im Operationssaal haben sich Mark (der Chirurg), zwei junge Assistenzärzte (Michael und Adrian) sowie ein Operationspfleger und der Anästhesiearzt versammelt. Auf dem Operationstisch liegt ein Patient. Ihm muss ein Bein amputiert werden. Mark leidet am Boreout. Die Operation beginnt.

Adrian: »Herr Doktor, gehen wir vor wie immer?« Mark schreckt auf: »Ich muss noch schnell das Skalpell putzen, fangt ihr schon mal an.« Michael, leicht verwirrt, antwortet: »In Ordnung, aber dann kommen Sie bitte schnell.«

Mark geht zur Seite und beginnt, an seinem Skalpell rumzukratzen. Er schielt mit einem Auge auf das Operationsteam, während er mit dem andern die blitzblanke Oberfläche betrachtet und sie mit einem Lappen reinigt.

Adrian wird ungeduldig: »Herr Doktor, Sie sollten jetzt wirklich langsam kommen.« Mark sucht eine neue Ausrede: »Gleich, mein Gummihandschuh drückt. Ich such grad noch einen neuen.« Er kramt umständlich in einer Schublade und wühlt nach einem andern Handschuh – wissend, dass es in dieser Schublade sicherlich keine Handschuhe gibt. Die Operation hat in der Zwischenzeit bereits begonnen.

Michael schielt ungeduldig auf seinen Chef. Mark merkt dies und kann nun nicht mehr anders. Er kommt an den Operationstisch zurück und blickt ratlos auf die zu operierende Stelle: »Ein schwieriger Fall.« Mark ignoriert ihre verwunderten Blicke gekonnt und startet einen neuen Versuch, nichts tun zu müssen: »Ich frage mich nur gerade, ob ihr die Blutverträglichkeit getestet habt?« Er blickt erwartungsvoll in die Runde und übersieht den Anästhesisten geflissentlich, der eigentlich für diese Frage zuständig ist. Ratlose Gesichter. Michael blickt zwischen den einzelnen Köpfen hin und her und fragt schließlich: »Wieso sollten wir das?« Mark entgegnet, seriös und ruhig: »Man kann nie sicher genug sein. Ich seh mir mal schnell das Dossier an. Ihr könnt ja mal weitermachen, es wird wahrscheinlich schon stimmen, aber nur zur Sicherheit.« Der Anästhesist kocht innerlich vor Wut.

Adrian und Michael blicken sich verstört an, während Mark sich aus dem Staub macht. Er geht aus dem Zimmer und rennt den Gang hinunter. Die beiden Ärzte rätseln, was sie denn nun tun sollen. Mark geht zum Sekretariat und erkundigt sich: »Könnten Sie mir bitte die Blutgruppe des Patienten nochmals heraussuchen? Ich muss währenddessen kurz ins Zimmer 12.3 für eine Visite.«

Die Sekretärinnen machen sich an den Auftrag, während Mark auf den nächsten Stock eilt und sich dort auf der Toilette einschließt. Nach zehn Minuten kehrt er ins Sekretariat zurück, nimmt die Daten entgegen und eilt wieder zurück in Richtung Operationssaal – er betritt allerdings den Raum nicht, sondern versteckt sich hinter einem Gummibaum, da die beiden Assistenzärzte in diesem Moment herauskommen. Die Operation ist offenbar unterbrochen worden. Michael: »Wo steckt bloß der Chef? Hoffentlich stimmt das mit der Blutgruppe, aber ich sehe immer noch nicht, wieso er das plötzlich abklären will. Lass uns einfach kurz warten.«

Mark steht noch immer hinter dem Gummibaum und beobachtet die beiden Ärzte aus sicherer Distanz. Nach drei Minuten ver-

schwinden diese in Richtung Sekretariat – er ergreift seine Chance und rennt in den Operationssaal, wo das restliche Team wartet. Mark: »Es ist alles okay, aber wo sind jetzt unsere beiden Kollegen?« Man suche nach ihm, meinen die Anwesenden. Da kommen Michael und Adrian zurück und fragen Mark, wo er denn gewesen sei. Mark antwortet: »Ich habe herausgefunden, dass alles in Ordnung ist. Aber jetzt sehe ich, dass der Puls sehr schwach ist. Ich schlage vor, dass wir die Operation verschieben.« Adrian fällt aus allen Wolken: »Weshalb denn das?« Mark murmelt etwas vor sich hin, das restliche Team ist erstaunt, nimmt Mark die Geschichte aber ab, da er schließlich jahrelange Erfahrung hat und der Chef ist. Was sie nicht wissen: Morgen wird Mark entweder einen andern Termin haben und an der Operation nicht teilnehmen können – oder er wird ganz einfach krank sein, denn eine Operation gehört zu den schwierigsten Übungen, wenn man den Boreout verstecken will.

Nachdem wir den Dienstleistungsbereich schon an früherer Stelle unter die Lupe genommen haben, wollen wir jetzt noch kurz die anderen zwei Sektoren unserer Arbeitswelt betrachten: die Landwirtschaft und die Industrie. Beginnen wir mit Ersterer.

Der Boreout kann in der Landwirtschaft nicht vorkommen. Oder kennen Sie einen Landwirt, der seine Kühe nicht melkt, weil er einfach keine Lust dazu hat? Weil es ihn langweilt, da es, Morgen für Morgen, die gleiche Tätigkeit ist? Oder der darauf vertraut, dass schon kein Fuchs seine Hühner reißt, und sie deswegen einfach mal draußen lässt? Unvorstellbar! Natürlich kann er gelangweilt sein oder seine Arbeit uninteressant finden. Der Bauer kann sogar faul sein, aber er kann keine Strategien anwenden und nur vortäuschen, dass er seine Arbeit erledigen würde. Denn er muss sie erledigen, wann immer sie anfällt.

Zum selben Ergebnis gelangen wir, wenn wir uns der Industrie zuwenden. Maschinen müssen bedient, Autos zusammengesetzt und geprüft oder Wände für ein Haus hochgezogen werden. Es ist also ein konkretes Resultat nötig, etwas Sichtbares, messbare Erfolge; das macht es schwierig, nur so zu tun als ob. In der Industrie gibt es repetitive Tätigkeiten, die einer strengen Kontrolle und einer ebenso strengen Messung unterworfen sind. Große Unternehmen nennen diese Mitarbeitenden »Shop Floor People«. Sie verdienen meistens weniger als der Durchschnitt der Angestellten, bewegen sich in eng festgelegten zeitlichen Bahnen (vielleicht wird ihre Arbeitszeit mit einer Stempeluhr erfasst) und ihre Resultate sind messbar. Hier würden ein Boreout und insbesondere die Anwendung der Boreout-Strategien schnell zu einer Entlassung führen. Es ist natürlich denkbar (und sogar wahrscheinlich), dass Fließbandarbeiter desinteressiert, unterfordert oder gelangweilt sind. Sie mögen im Einzelfall sogar faul sein. Deswegen leiden sie aber noch nicht am Boreout. Denn auch hier gilt: Es gibt keine Strategien, um damit umzugehen.

Die Landwirtschaft und die Industrie: ohne Boreout, da messbare Resultate gefordert werden und die Boreout-Strategien nicht angewendet werden können. Vielleicht ist gerade das der Grund, weshalb in diesen Bereichen oft von »ehrlicher Arbeit« gesprochen wird: Berufe, in denen man liefern, nicht labern muss.

Die Industrialisierung und die Spezialisierung: zwei Entwicklungen mit Folgen

Ein kleiner, verknappter Ausflug in die Geschichte der Arbeit soll zum Abschluss dieses Kapitels mehr Licht in das Dunkel der Boreout-Entstehung bringen. Die Voraussetzung dafür, dass er sich über Jahrzehnte entwickeln konnte, wurde Ende des 18. und Anfang des 19. Jahrhunderts mit der Industrialisierung geschaffen. Denn mit ihr wurde Arbeit zu einer Ware, zur neuen Grundlage der Existenzsicherung: Man arbeitete nicht mehr primär für sich selbst, sondern für jemand anderen. Dieser andere bezahlte einen Lohn, damit man sich unter anderem die Dinge kaufen konnte, die man vorher selbst hergestellt hatte. Arbeit wurde so zur Erwerbsarbeit. Der Philosoph und Theoretiker Karl Marx sprach bereits Mitte des 19. Jahrhunderts von der entfremdeten Arbeit: Laut seiner Theorie ist der Fabrikarbeiter vom Produkt entfremdet, weil er weder den Produktionsverlauf überblicken kann noch auf irgendeine Weise am Produkt beteiligt ist. Der Arbeiter, so Marx, habe weder einen rechtlichen Anteil am Produkt noch ein Mitbestimmungsrecht oder ein weitergehendes Interesse am gesamten Unternehmen. Man muss kein Anhänger Marx' sein – was wir auch nicht sind –, aber: Dass die Entfremdung ein Resultat der Industrialisierung ist und dass sie negative Folgen für das Interesse an der Arbeit an sich haben kann, daran zweifelt niemand ernsthaft. Die Entfremdung ist bedeutsam, wenn man die Entstehung des Boreout genauer betrachtet.

Mit dieser neuen Art von Arbeit – mit der Erwerbsarbeit – sind die Arbeitsteilung und somit die Spezialisierung sowie die Entstehung des Unternehmens eng verknüpft. Der Arbeitnehmer muss sich nun bewusst für eine bestimmte Tätigkeit in einem Unternehmen entscheiden, das in den meisten Fällen ihm nicht gehört, während ihm diese Frage früher abgenommen beziehungsweise gar nicht gestellt wurde: Er hat für sich und seine Familie direkt gearbeitet. Die Erwerbsarbeit und somit die Arbeitsteilung haben zur Spezialisierung geführt. Daraus ergaben sich drei zusammenhängende Probleme:

- Zu viele Jobmodelle. Noch vor wenigen Jahrzehnten war das Spektrum an möglichen beruflichen Tätigkeiten relativ überschaubar. Das meiste bot sich in der Landwirtschaft und in der Industrie. Dies änderte sich durch das Aufstreben des Dienstleistungssektors. Im Zuge der Globalisierung entstanden und entstehen nun fast täglich neue Geschäftsmodelle. Die Arbeitsaufteilung wird immer feiner, es entsteht eine immer komplexere Wirtschaft mit vorher unbekannten Jobs. Der Arbeitsbereich pro Job wird gleichzeitig immer enger, man muss sich spezialisieren. Hinzu kommt, dass die Fülle der auf dem Arbeitsmarkt angebotenen Tätigkeiten für den Einzelnen gar nicht mehr überschaubar ist. Wegen dieser extremen Arbeitsteilung läuft der Einzelne Gefahr, beruflich nicht genau das zu tun, was ihn wirklich interessiert. Es wird immer schwieriger, das Richtige zu finden, oder anders formuliert: Die Wahrscheinlichkeit, nicht das zu tun, was einen wirklich interessiert, wird durch die Arbeitsteilung und Spezialisierung stark erhöht.

- Keine Möglichkeit zu einem Wechsel. Die Spezialisierung macht es immer schwieriger, zwischen verschiedenen Jobmodellen wählen zu können, die Hürde für einen Wechsel in einen anderen Beruf oder in ein anderes Unternehmen ist zumeist sehr hoch. Denn wenn man sich jahrelang die verlangten Spezialkenntnisse für eine bestimmte Arbeitsstelle angeeignet hat, ist man für andere Jobs, welche genau dieses Fachwissen nicht benötigen, weniger interessant. Die Spezialisierung verbaut einem den Zugang zu anderen Tätigkeiten, die einen vielleicht viel mehr interessieren würden. Man ist also gefangen in einer bestimmten Arbeit. Umso wichtiger ist es, von Anfang an das Richtige und nicht das Falsche zu tun.

- Große Distanz zum Produkt. Die Tatsache, dass die Menschen nicht mehr für sich, sondern für ein Unternehmen arbeiten, schafft Distanz zum Produkt. Das, was Marx entfremdete Arbeit genannt hat, heißt konkret, dass es in vielen Fällen für den Arbeitnehmer keinen messbaren Zusammenhang mehr zwischen seiner Arbeitsleistung und dem Endprodukt gibt. Vor allem ist das Unternehmen, in dem er tätig ist, oft anonym, riesig, international und unpersönlich – entfremdet eben. Natürlich gibt es andere Beispiele sowohl auf Unternehmens- als auch auf Arbeitnehmerseite: Auch große Unternehmen können ein persönliches Klima pflegen, und nicht alle Arbeitnehmer haben mit der

Anonymität in der Firma ein Problem. Dennoch: Ein für den Arbeitnehmer irrelevantes Produkt ist der ideale Nährboden für absolutes Desinteresse an der Arbeit.

Die verschiedenen Stadien des Boreout

Viele Menschen meinen, ein wenig Boreout sei kein Boreout. Jeden Tag ein bisschen vor sich hin wursteln, freie Zeit für Privates haben und die Unterforderung und daraus resultierende latente Unzufriedenheit einfach als gegeben, als Tatsache akzeptieren und sich mit der Situation arrangieren – das klappt doch ganz gut. Es ist wie bei einer chronischen Krankheit, bei der man sich mit der Zeit an die Schmerzen gewöhnt und die dann eben dazugehören. Viele sind also überzeugt, dass es sich in ihrem Falle nicht um einen »richtigen« Boreout handle. Die Situation wird auf Einzelfälle reduziert – sie kämen nur ab und zu vor und hätten keine wirkliche Bedeutung. Doch wenn wir jeweils genauer fragen, stellt sich heraus,

- dass es tatsächlich (und erwartungsgemäß) nicht bei allen gleich schlimm ist,
- dass nicht alle von Anfang an offen über ihre wahre Arbeitsleistung reden, die Probleme einfach verdrängen oder als normal betrachten und
- dass all die Probleme rund um den Boreout doch nicht so vernachlässigbar sind, wie es auf den ersten Blick scheint.

Ein wenig Boreout ist also kein Boreout? Weit gefehlt. Denn es gibt den Weg zum Boreout und es gibt das Gefangensein im Boreout. Einerseits kann also »ein wenig« Boreout schlimmer werden – wieder ähnlich einer Krankheit, die sich entweder verschärft oder kuriert werden kann. Der Boreout kann schwach vorhanden sein und sich gefährlich entwickeln – heilen kann man ihn am besten im Anfangsstadium. Man kann aber auch seit längerer Zeit »krank« sein, also am Boreout leiden. Und auch dieses Leiden gibt es in verschiedenen Stufen – stärker oder weniger stark. Nicht alle sind gleich unterfordert oder desinteressiert. Nicht alle arbeiten in gleichem Maße zu wenig oder erledigen ihre Privatangelegenheiten. Man kann also mehr oder weniger am Boreout leiden – abhängig ist das von der jeweiligen individuellen Situation. Und seien Sie auf der Hut: Die Tatsache, dass Sie sich mit ihrer unbefriedigenden Lage vordergründig einfach abfinden, heißt nicht, dass Sie nicht am Boreout leiden. Auch wenn es nur ein wenig ist.

Fünf Typologien

Einerseits ist die Diagnose etwas sehr Individuelles, andererseits kann man das Phänomen des Boreout tatsächlich auch verallgemeinern. Es gibt eine Art von Krankheitsbild – wie etwa bei einer Grippe. Die ist auch etwas Individuelles, aber dennoch gibt es gewisse Elemente, die immer wieder vorkommen. Und es gibt Abstufungen, die eine Grippe zur Grippe machen.

Für die individuelle Einschätzung haben wir auf den vorangegangenen Seiten zahlreiche Hinweise gegeben. In diesem Kapitel möchten wir fünf Typologien vorstellen, die ganz allgemein aufzeigen, wie ein Boreout aussehen kann. Wir wollen damit in den Fällen, wo nur schwache Anzeichen festzustellen sind, verhindern, dass ein drohender Boreout verdrängt wird. Diese Art von Beurteilung hilft, schwache Anzeichen zu erkennen, ihnen genügend Gewicht zu verleihen und dagegen anzugehen. Natürlich wollen wir keinen Elefanten aus der Mücke machen: Wir lassen die Mücke Mücke sein und weisen darauf hin, dass ihre Stiche ganz schön unangenehm sein können. Und dass aus ihr unter Umständen doch noch ein Elefant werden kann.

Die fünf Typologien sind aber nicht nur dazu da, die eigene Situation genauer unter die Lupe zu nehmen und die ersten Boreout-Anzeichen zu erkennen. Sie sollen dem Boreout auch ein Gesicht geben. Und sie sollen es Ihnen ermöglichen, an Boreout leidende Kollegen einordnen zu können, eine erste Analyse vorzunehmen. Die von uns aufgestellten Typologien erhöhen den Wiedererkennungseffekt, und das Krankheitsbild erhält Konturen. Mit unserer Benennung der Boreout-Typen haben wir verschiedene Elemente verknüpft: Ursachen, Symptome und individuelle Merkmale. Dazu gehört natürlich auch der vom Boreout verschonte Typus: Mit ihm beginnen wir.

Der Samariter

Er blüht auf in seiner Berufung. In seiner Arbeit spürt er den Sinn unmittelbar, und sie macht ihm Spaß. Er hilft, wo er kann – und seine Aufgabe ist direkt in sein Leben eingebunden. Er hat ein ausgeglichenes Privatleben, seine Arbeit fließt auf gute Art darin ein. Er empfindet Arbeit nicht als Stress, und er hat Kapazitäten frei, um sich um die Familie zu kümmern und Freundschaften zu pflegen. Er kann sich finanziell einiges leisten, ist aber durch die Arbeit selber motiviert. Er ist selbstkritisch und zufrieden mit seinem Job – an Boreout leidet er nicht.

Der Geselle

Er will lernen. Er steht am Anfang einer Laufbahn, die sich in viele Richtungen entwickeln kann. Ein leichter, dunkler Schatten legt sich bereits über seinen Alltag. Nicht alles fasziniert ihn, nicht alles macht ihn gescheiter. Er ist motiviert und hofft auf den Tag der großen Aufgabe, aber hie und da machen sich Anzeichen einer gewissen Langeweile oder Unterforderung breit. Er nimmt sie hin, denn er hält sie für Begleiterscheinungen auf dem Weg zum Ziel. Zudem ist seine monetäre Entschädigung groß, und die Aussichten, im Unternehmen aufzusteigen, stehen gut. Er sieht durchaus Vorteile, nicht immer am Limit zu laufen, und nutzt die freie Kapazität ab und zu für ein paar private Angelegenheiten. Er hat einen leichten Boreout.

Der Titanic-Passagier

Wir wissen ja alle, was mit dem schönen Kreuzfahrtschiff passiert ist. Die Passagiere ahnten am Anfang natürlich nichts, so auch unser Titanic-Passagier. Als die Fahrt begann, gab es keinerlei Anzeichen für ein drohendes Unglück, doch kurz vor dem Untergang war es allen klar: Das wird unangenehm. Vergleichbar ist es im Berufsalltag des Titanic-Passagiers. Die Strategien beherrscht er bereits recht gut, aber er schafft es noch nicht, sich einzugestehen, dass die durch die Strategien gewonnene Art von Freizeit nicht nur Vorteile hat. Er glaubt noch an die Mär vom süssen Nichtstun, er befindet sich quasi in der ersten Hälfte des Boreout. Oft bearbeitet er langweilige Projekte, Unternehmensnachrichten beobachtet er mit einigem Desinteresse, und eigentlich könnte er viel mehr zum Erfolg seiner Abteilung beitragen – doch das tut er nicht, stattdessen schafft er es, seinen mangelnden Output geschickt zu verbrämen. Er hat einen mittleren Boreout, und der Untergang ist in Sicht.

Das Chamäleon

Das Chamäleon kann sich der Umgebung anpassen. Das ist wichtig für das Tier, und es ist wichtig für uns, denn das ist so ziemlich das Einzige, was wir im Normalfall vom Chamäleon wissen. Es ist sozusagen die Kernkompetenz des Tieres, die Strategie der Umgebungsanpassung zu leben. So ist es auch im Berufsalltag: Das Chamäleon ist der Meister der Strategien. Es gibt keine Situation an seinem

Arbeitsplatz, an die er sich nicht anpassen könnte, um nichts tun zu müssen oder um die Arbeit hinauszuschieben. Er beherrscht die Wahrnehmung seiner Umgebung, insbesondere die seines Chefs, hundertprozentig. Das Chamäleon ist unterfordert, gelangweilt und desinteressiert, es erledigt deshalb tagsüber unzählige private Angelegenheiten und braucht für alles viel zu lange. Niemand merkt es, denn die Strategien wirken perfekt. Müsste das Chamäleon fürs Management kurz zusammenfassen, was es täglich tut, wäre das wohl die größte Herausforderung überhaupt. Das Chamäleon leidet intensiv am Boreout.

Die Made

Eine typische Made frisst sich durch den Speck – dem Speck ginge es ohne Made besser. Von außen sieht man die Arbeit der Made nicht, nur wenn man den Speck genauer betrachtet und aufschneidet, wird der Umfang der Zerstörung klar. Sie ist der klassische Schmarotzer. Die Made ist der Schrecken eines jeden Unternehmens. Sie ist der Inbegriff des Arbeitsnehmers, der wirklich nichts tut. Sie ist zwar anwesend, hinterlässt mit ihrer »Arbeit« jedoch keinerlei sichtbare Spuren. Ist sie im Urlaub, so merkt dies niemand. Sie braucht auch keinen Stellvertreter, der ihre Aufgaben während dieser Zeit übernehmen würde, denn es gibt nichts zu übernehmen. Die Made trägt nicht das Geringste zum reibungslosen Funktionieren des Geschäfts bei – im Gegenteil. Würde die Made nicht mehr im Unternehmen arbeiten, hätte dies absolut keine von außen wahrnehmbaren Konsequenzen. Die Konsequenzen wären nur in der Buchhaltung spürbar – im positiven Sinn. Während das Chamäleon dann und wann doch noch etwas Produktives produziert und seine Fähigkeiten durchblicken lässt, so fehlt dieses Element bei der Made vollständig. Die Made schafft es dennoch, ihren Job zu behalten und sich selber irgendwie eine Aura der Wichtigkeit zu verleihen. Die Made ist die unbestrittene Boreout-Königin. Mehr Boreout ist nicht möglich. Damit Sie also nicht zu einer Made werden und etwas gegen Ihren Boreout machen beziehungsweise ihm rechtzeitig vorbeugen können, bedarf es einer Lösung. An dieser Stelle möchten wir Sie jedoch zuerst einmal davor warnen, in die Falle von Scheinlösungen zu tappen!

Scheinlösungen helfen nicht

In den letzten Jahren sind gleich reihenweise Bücher mit Scheinlösungen publiziert worden, die Titel lauteten etwa *Die Elefanten-Strategie: Wie Sie im Büro alles zu Ihrem eigenen Vorteil niederwalzen* oder *Das Zitronenprinzip – lassen Sie sich nicht auspressen.* Diese Werke sind unterhaltsam und kommen lustig daher, erheben aber gleichzeitig auch den Anspruch, eine richtige Lösung zu präsentieren für all die Probleme rund um den Job – obwohl gerade das nicht der Fall ist. Sie geben Ihnen Tipps, wie Sie am besten mit unerträglichen Situationen bei der Arbeit umgehen, wie Sie sich in ein besseres Licht rücken können (ohne wirklich etwas dafür zu tun) oder wie Sie aufsteigen, ohne dafür eigentlich qualifiziert zu sein. Diese Tipps sind typischerweise so formuliert: »Lassen Sie Ihre Anrufe immer von Ihrer Sekretärin entgegennehmen, füllen Sie nie Papier im Kopierer nach und achten Sie darauf, dass Ihr Rang auf allen Ihren E-Mails erscheint. Das steigert Ihren Wert.«

Manche Scheinlösungen erweisen sich als besonders populär, sie werden diskutiert und ernst genommen, weil viele Menschen wirklich glauben, mit diesen Anleitungen zu einem besseren (Arbeits-) Leben zu kommen. So wurde auch die Faulheit nicht mehr nur als Problem behandelt, sondern gar als Lösung angeboten: Faulheit als Möglichkeit, den ach so gemeinen Unternehmen ein Schnippchen zu schlagen.

An der Faulheit gibt es nichts zu entdecken

Wir haben bereits herausgearbeitet, dass Faulheit kein Element des Boreout ist. Unter dem Boreout leidende Arbeitnehmer sind nicht per se faul, sondern werden faul gemacht. Da die Faulheit aber einen starken Bezug zum Boreout hat, wollen wir uns mit dieser Scheinlösung eingehender beschäftigen. Es geht um die Frage, ob der Arbeitnehmer am besten damit fährt, wenn er für sich die Faulheit am Arbeitsplatz entdeckt und sämtliche Wünsche nach Zufriedenheit und Erfolg bereits zu Beginn begräbt.

Die französische Autorin Corinne Maier hat ein Buch mit dem Titel *Die Entdeckung der Faulheit* auf den Markt gebracht. Das Wort Faulheit spielt allerdings nur im Titel und ganz am Schluss des Buches eine zentrale Rolle. Das Werk selber ist eher ein Rundumschlag – eine Abrechnung mit dem kapitalistischen System, den großen Unternehmen und überhaupt mit fast allem, was irgendwie damit zusammenhängt: Ausbildung? Bringt nichts. Informations- und Kommunikationstechnologien? Nutzlos. Motivation bei der Arbeit? Gott behüte! Frau Maiers Credo lautet: Erlerne die Kunst, bei der Arbeit möglichst wenig oder am besten gar nichts zu tun.

Einige Aspekte in dem Buch sind durchaus interessant und bieten Anknüpfungspunkte zum Boreout. So verweist die Autorin beispielsweise auf die nebulöse Sprache der Unternehmenskultur, wegen der Erfolge nicht mehr messbar sind. Da trifft sie ins Schwarze, denn der Boreout wird durch nicht messbare Wege und Ziele enorm gefördert. Je schwammiger, desto besser. Auch Meetings kommen bei Corinne Maier nicht gut weg: Sie seien sinnlos und würden nur dazu dienen, FührungskraÅNfte »auszulasten« und sie »in einen Stress zu versetzen«, den sie sonst gar nicht hätten. Interessant ist auch ihre Feststellung, die meisten Menschen seien für ihre Stelle überqualifiziert – nach Boreout-Lesart somit desinteressiert, unterfordert sowie gelangweilt. Am Ende ihrer Ausführungen widmet sich die Autorin Strategieansätzen, mit deren Hilfe man beschäftigt wirkt, und präsentiert ihre zehn Gegenempfehlungen, um den Erwartungen des Unternehmens möglichst nicht gerecht zu werden: Sie rät dazu, so wenig wie möglich zu arbeiten, niemals und unter keinen Umständen einen verantwortungsvollen Posten anzunehmen oder in den größten Unternehmen die überflüssigsten Stellen zu wählen und dann vor allem Veränderungen zu vermeiden.

Frau Maier beschreibt also, wie der Arbeitnehmer nach ihrer Meinung all den Übeln, die mit der Arbeit verbunden sind, aus dem Wege gehen kann. Ihr Ansatz zielt darauf ab, dass er es gar nicht so weit kommen lassen soll, sich bezogen auf die Arbeit Illusionen hinzugeben – wie zum Beispiel der Illusion von Herausforderung oder Erfolg am Arbeitsplatz, oder der Illusion, im Unternehmen etwas bewegen zu können. Oder er sollte sich sofort von diesen Illusionen verabschieden, wenn sie noch in seinem Kopf herumschwirren. Ihre Lösung besteht explizit darin, sich dem Schicksal zu ergeben und auf die Unterdrückung durch das Unternehmen mit unwiderruflichem subjektivem Rückzug und diskretem, aber gnadenlosem Parasitentum zu reagieren. Und zur Niete, zum Versager des Unternehmens zu werden.

Der Ansatz ist unserer festen Überzeugung nach nicht praktikabel. Denn er verkennt die Realitäten vollständig – sowohl die Realität in der Arbeitswelt, insbesondere jedoch die menschliche Gefühlswelt. Wir haben festgestellt, wie der Arbeitnehmer sich wirklich fühlt, wenn er gelangweilt, unterfordert und desinteressiert ist. Wenn er sich nutzlos vorkommt oder sich täglich mit etwas beschäftigen muss, das ihm nicht das Geringsten bedeutet. Er fühlt sich schlecht. Ist unzufrieden, frustriert. Corinne Maiers Anleitungen führen jedoch geradewegs in diesen Zustand – sie sind eigentlich fahrlässige, wenn auch nur unkonkrete Anweisungen zur Herbeiführung eines Boreout. Was soll der Arbeitnehmer denn den ganzen Tag lang tun, wenn er ein »geruhsames Pöstchen« gefunden hat? In der Nase bohren? Wir behaupten, dass kein Mensch gerne als Versager betrachtet wird: Das aber soll gemäß der Autorin das Ziel sein. Sie löst demnach die (sehr wohl existierenden!) Probleme des Arbeitnehmers am Arbeitsplatz nicht, sondern verschärft sie vielmehr. Zudem ist es eine Illusion, sich bei der Arbeit gänzlich der von Maier gepriesenen Faulheit hingeben zu können. Natürlich kann sich der Arbeitnehmer über die Anwendung der Strategien freie Zeit verschaffen und so seine Faulheit im Ansatz ausleben. Doch früher oder später ist Unzufriedenheit die Konsequenz dieser Verhaltensweise.

Unser Tipp:

Seien Sie lieber zu Hause faul und machen Sie um diese und ähnliche Scheinlösungen einen großen Bogen. Sie verbringen zu viel Zeit bei der Arbeit, als dass Sie dort die Faulheit auch noch suchen müssten. Wie Sie jetzt schon wissen, sagen wir wirklich nicht, die Arbeitswelt sei einfach und alles laufe immer für alle wie am Schnürchen. Betrachten Sie das jedoch als Herausforderung, ergeben Sie sich nicht Ihrem Schicksal.

Mit Kontrolle gegen den Boreout?

Nicht nur der Arbeitnehmer selbst, auch Unternehmen könnten versucht sein, auf das Phänomen Boreout mit einer Scheinlösung zu reagieren. Und zwar mit der Scheinlösung Kontrolle.

Vorstellbar sind verschiedene Arten von Kontrollen. Da wäre einerseits die Kontrolle der elektronischen Arbeitsmittel, mit deren Hilfe sich viele Angestellte ihren privaten Belangen hingeben – also Kontrolle der Anzahl oder gar des Inhalts von privaten E-Mails oder aber des Internetverhaltens des einzelnen Arbeitnehmers, der Telefonrechnungen sowie der im Drucker liegen gebliebenen Dokumente, die nichts mit der Arbeit zu tun haben. Schließlich könnten Unternehmen auch das soziale Verhalten am Arbeitsplatz überwachen: nicht nur die Länge und Dauer der Kaffeepausen, sondern zum Beispiel auch, wie der Arbeitnehmer seine externen Termine plant oder ob er über ein bestimmtes Muster verfügt, sich konsequent Arbeit vom Halse zu halten.

Einige dieser Kontrollen werden bereits heute praktiziert, die entsprechenden technischen Hilfsmittel gibt es zuhauf. Zudem wird immer öfter das »Alternativangebot« am Arbeitsplatz eingeschränkt – mit mäßigem Erfolg, wie das folgende Beispiel zeigt:

Das Ziel:	Das Unternehmen möchte verhindern, dass die Arbeitnehmer Social Media-Dienste (wie z.B. Facebook) nutzen.
Die Maßnahme:	Deshalb blockiert es die entsprechenden Seiten
Die Folge:	Der Arbeitnehmer kramt halt sein Smartphone aus der Tasche
Das Fazit:	Der Arbeitnehmer nutzt trotz blockierter Internetseiten Social Media-Dienste. Das umständliche Tippen auf dem Smartphone dauert ungleich länger, als wenn er mit der Tastatur des Computers geschrieben hätte.

Sie sehen: Man kann natürlich das Alternativangebot einschränken, aber es bringt nichts. Man kann die Arbeitnehmer kontrollieren, aber auch das bringt nichts, denn man löst das Problem nicht, sondern bastelt an den Symptomen herum. Was man stattdessen erreicht? Vielleicht noch ausgeklügeltere Strategien, um diese Kontrollen dann wieder umgehen zu können. Man handelt sich Kontrolleure ein, die selbst am Boreout leiden, oder muss, im Falle einer fristlosen Entlassung, langwierige Gerichtsverfahren über sich ergehen lassen. Kontrolle nützt nichts, denn sie versucht lediglich, Symptome zu bekämpfen. Sie fragt nicht nach dem Warum, sondern geht einfach davon aus, dass der Arbeitnehmer sich nicht korrekt verhält. Und das Schlimmste: Sie verleitet den Kontrolleur dazu, seine eigenen Fehler im Umgang mit dem Arbeitnehmer auszublenden. Eine nachhaltige Lösung des Problems Boreout muss demnach bei den Ursachen ansetzen. Ein betroffener Arbeitnehmer muss selbst erkennen, dass er zum Beispiel das für ihn Falsche tut. Oder der Chef sollte die Zeit, die er für Kontrollen aufwendet, vielmehr dem Arbeitnehmer widmen und sich mit ihm auseinandersetzen. Und insbesondere sollte er sich an die eigene Nase fassen und sich fragen, wieso sein Angestellter sich so verhält.

Kontrolle und Denunziation führen nicht zu einem motivierenden Arbeitsklima, in dem Zuverlässigkeit, Effizienz, Kreativität und nicht zuletzt auch Spaß und Vertrauen gedeihen können. Es ist eine Scheinlösung, welche den Boreout nicht nachhaltig bekämpft. Auch um solche Ansätze ist demnach ein großer Bogen zu machen.

Eigenverantwortung als Mittel gegen Boreout

Bevor wir unseren Lösungsansatz im Detail anschauen, möchten wir eines klarstellen: Es gibt zwar viele Menschen, die an einem Boreout mitschuldig sind. Es mag auch viele geben, die etwas zu seinem Verschwinden beitragen könnten. Aber es gibt nur eine Person, die das Problem wirklich lösen kann. Das sind Sie selber. »Jeder ist seines Glückes Schmied«, sagt ein altes Sprichwort zu Recht. Deswegen wollen wir den Hebel bei uns selbst ansetzen, bevor wir uns fragen, was andere für uns tun können.

Der Gedanke der Eigenverantwortung geht davon aus, dass jeder Einzelne am besten in der Lage ist, sein Schicksal in die eigenen Hände zu nehmen und die Verantwortung für sich und seine Entscheidungen zu tragen. Kann man aber im Berufsalltag, der durch den Arbeitsvertrag und die Anweisungen des Chefs stark geprägt ist, überhaupt von Eigenverantwortung sprechen? Ja, das kann man. Denn bei allen Grenzen, die einem auferlegt werden, verlangt ein Job auch, dass man die Arbeit eigenverantwortlich und die (wenn auch limitiert) vorhandenen Freiheiten im Sinne des Unternehmens wahrnimmt. Die Entwicklungen der letzten 20 Jahre in der Arbeitsplatzgestaltung gehen eindeutig in diese Richtung: offene Kommunikationswege, Mobilität und Einbezug in die Entscheidungsfindung sind die Bestandteile der »neuen« Ideologie in der Theorie. Konkret – in der Praxis – bedeutet dies, dass vom Arbeitnehmer erwartet wird, seine Aufgaben aktiv anzugehen, ungefragt neue Ideen zu entwickeln und selbst in der Lage zu sein, sein Arbeitsvolumen und sein Pensum zum Wohle des Unternehmens festzusetzen. Die Wahrnehmung der Eigenverantwortung wurde zur Grundanforderung in vielen Arbeitsplatzbeschreibungen: Man will keine grauen Büroangestellten mehr, die mechanisch nur das abarbeiten, was man ihnen vorsetzt. »Entrepreneurship« – unternehmerische Einstellung – heißt die Devise, und zwar oft genug ohne Wenn und Aber.

Eigenverantwortung nimmt man wahr, indem man handelt. Aus Eigenverantwortung folgt Eigeninitiative, sonst wird es immer bei der bloßen Absicht zu handeln bleiben, auf die keine Tat folgt. Gerade wenn Probleme bei der Arbeit auftauchen – und das ist beim Boreout ja unbestreitbar der Fall –, wird klar, warum auch hier die Eigenverantwortung eine Rolle spielt und wer handeln muss: der einzelne Arbeitnehmer. Er kennt die Gründe seiner Unzufriedenheit, und er muss einen Weg suchen, die Situation zu ändern. Dies kann weder seine Mutter noch sein Arbeitskollege oder sein Chef für ihn erledigen. Natürlich gibt es Fälle, in denen der schiere Zwang, genau an diesem Platz arbeiten zu müssen, einen Arbeitnehmer daran hindert, seine Eigenverantwortung wahrzunehmen – weil er es sich einfach nicht leisten kann, den Job zu wechseln, weil er keine Alternativen hat oder weil er Repressalien seitens des Unternehmens fürchtet, wenn er sein Problem offen anspräche. Wir wollen gerade deswegen hier explizit auch auf die Verantwortung der Unternehmen hinweisen. Ein Unternehmen hat die Pflicht, seine Arbeitnehmer gut zu behandeln und jemandem, der seine eigene Verantwortung nicht oder nur beschränkt wahrnehmen kann, zu helfen. Und die Strukturen zu schaffen, damit der Arbeitnehmer am Ende eigenverantwortlich handeln kann. Dennoch: Die Eigenverantwortung muss der primäre Ansatz sein, denn vielfach nehmen die Unternehmen ihre Verantwortung gerade nicht so wahr, wie sie sollten. Und wer bleibt dann übrig? Genau: einzig und allein Sie.

Wir wollen einen Schritt weiter gehen und eine ketzerische Frage stellen: Ist diese Eigenverantwortung gescheitert?

Je nach Perspektive gibt es auf diese Frage zwei gegensätzliche Antworten. Betrachten wir zuerst die negative Variante: Die Eigenverantwortung ist gescheitert, denn es gibt den Boreout.

Sie ist gescheitert, wenn jemand am Boreout leidet, ihn mittels der verschiedenen Strategien am Leben erhält und eben nicht eigenverantwortlich an das Problem herangeht. Er verharrt in einem Zustand der Unzufriedenheit, anstatt aktiv zu werden und Lösungen zu suchen. Und er missbraucht damit die Freiheiten, die ihm das Unternehmen gönnt und die vor allem als Segen des »neuen Arbeitsplatzes« gepriesen werden. Er erschüttert das Fundament, auf dem ein Unternehmen aufgebaut ist. Sie ist zudem gescheitert, weil das Entrepreneur-Loblied zahlreiche falsche Töne enthält: Einerseits sind zwar viele Chefs fachlich kompetent, jedoch auf ihre Führungsrolle nicht im Geringsten vorbereitet und überfordert. Und andererseits sind Arbeitnehmer meist genau deshalb Arbeitnehmer, weil wirkliches Unternehmertum für sie nichts ist und sie eben auf eine lenkende Hand von oben angewiesen sind. Sie ist also gescheitert, weil die involvierten und betroffenen Personen nicht richtig mit der gewonnenen Freiheit im Sinne der Eigenverantwortung umgehen können.

Nochmals die Frage: Ist die Eigenverantwortung gescheitert? Das bringt uns zum positiven Teil der Antwort: Nein, das ist sie nicht. Denn es gibt keine sinnvollen Alternativen. Weder kann man sich ernsthaft vorstellen, das Prinzip der Eigenverantwortung am Arbeitsplatz trotz der damit verbundenen Probleme wieder in die Schublade zu entsorgen und zum »Planwirtschafts-Arbeitsplatz« zurückzukehren. Zudem haben wir im letzten Kapitel gesehen, dass Kontrolle gerade keine Alternative ist – weder bei der Gestaltung des Arbeitsplatzes noch zur Bekämpfung des Problems Boreout. Kontrolle aber wäre eine der Hauptkonsequenzen, wenn die Eigenverantwortung gescheitert wäre. Sie ist nicht gescheitert, auch wenn oftmals einige Zeit vergeht, bis der Betroffene aus seiner Lethargie erwacht und sich vornimmt, etwas an seiner Situation zu ändern. Betroffene müssen handeln, und sie werden es tun, früher oder später.

Eigenverantwortung: Von Anfang an

Passen Sie auf, dass Sie nicht schon vor Antritt Ihres neuen Jobs die Voraussetzungen für einen Boreout Schlammassel schaffen. Ihre Eigenverantwortung fängt also früh an – nämlich bei der Stellensuche und der Bewerbung für einen neuen Job. Auch dort können Sie bereits versuchen, die Weichen richtig zu stellen.

Denn schon beim Stelleninserat wird bei Ihnen eine Erwartungshaltung aufgebaut, die Schritt für Schritt konkreter wird: Sie vergleichen beim Lesen des Stelleninserates die Anforderungen Punkt für Punkt mit Ihren Fähigkeiten und Kenntnissen. Und wenn Ihnen im Gespräch dann noch das Blaue vom Himmel versprochen wird – Halleluia! Ihre Erwartungshaltung kennt keine Grenzen mehr: fachliche Herausforderung, Teamwork, Projektverantwortung, offene Kommunikation. Es wird fast wie im Arbeits-Schlaraffenland sein. Stress wird womöglich noch angesprochen (gehört zum guten Ton), aber von Unterforderung wird sicher nicht die Rede sein.

Sie haben Recht: Das Unternehmen selber trägt seinerseits bereits hier die Verantwortung, die Erwartungshaltung zu steuern, eine ehrliche Einschätzung der Stelle abzugeben, das wahre Arbeitspensum, die wahren Tätigkeiten anzusprechen – kurz: ehrlich zu sein. Dies scheitert aber oftmals bereits am Stelleninserat. Diese sind häufig so aufgeblasen, dass man den Eindruck gewinnt, man würde sich direkt für den Job als CEO bewerben. Ähnlich der folgenden Annonce:

»Eine der größten Rückversicherungen Europas sucht Assistentin des Leiters International Rights (100 Prozent) (nach Vereinbarung) ...

Ihre Aufgaben:

In einem spannenden Umfeld sind Sie täglich mit neuen Herausforderungen konfrontiert. Sie unterstützen den Leiter International Rights administrativ, übernehmen aber auch selber Projektleitungsfunktionen nach Absprache, korrespondieren mit unseren Niederlassungen in über 30 Ländern und arbeiten eng mit der Abteilung Recht & Compliance zusammen.

Sie:

Idealerweise bringen Sie mehrere Jahre Berufserfahrung in einem internationalen Umfeld mit, sprechen Deutsch (Muttersprache), Englisch und Spanisch (sehr gut). Sie lieben es, in wechselnden Aufgabengebieten tätig zu sein, suchen die Abwechslung und die Unregelmäßigkeit und sind flexibel, auch einmal länger im Büro zu bleiben, weil unsere Kollegen in den USA in einer anderen Zeitzone arbeiten.«

Das klingt vielversprechend, oder? Ihre Erwartungshaltung wird sein, dass Sie nicht nur Kaffee und Brötchen servieren werden, sondern dass Sie auch selber Projekte leiten werden. Eventuell sogar die eine oder andere Reise nach Amerika, Moskau oder Barcelona! Und alles im Interview noch so ausgeschmückt. Und wie kommt's? Garantiert anders: Keine Überstunden, vielmehr Unterstunden und apropos Projektleitung – war da mal was? Hier sind typische Fehler passiert: Es wurde im Stelleninserat masslos übertrieben. Das Einstellungsgespräch zeigte in die gleiche Richtung. Dinge wurden versprochen, die nicht eingehalten wurden. Kurz: Ihre Erwartungen wurden zunichte gemacht.

Wo kommt hier nun Ihre Eigenverantwortung zu tragen? Genau: beim Stelleninserat und insbesondere beim Vorstellungsgespräch. Hier müssen sie aktiv werden, dies ist der Zeitpunkt, Energie zu investieren. Sie können zum Beispiel während des Gesprächs nachfragen, was für Projekte denn so anstehen würden (achten Sie darauf, wie Ihr Gegenüber antwortet; wenn es gar keine großen Projekte gibt, er Ihnen dies aber weissmachen will – Sie werden es merken, wenn Sie bewusst darauf achten). Fragen Sie nach, wie viel Projektarbeit überhaupt auf Sie zukommt. Oder wie Ihr Vorgänger ausgelastet war. Oder fragen Sie vor dem Interview in Ihrem beruflichen Umfeld nach – vielleicht kennt ja jemand Ihren künftigen Chef (die Welt ist klein) und kann Ihnen ein paar gute Tipps und Insiderinformationen mitgeben.

Also: Stellen Sie konkrete Fragen, bohren Sie vorsichtig nach. Wenn Sie es nicht tun: Wer dann? Wenn Sie schon beim Einstellungsprozess ihre Eigenverantwortung nicht wahrnehmen und mögliche Warnsignale aus Lethargie oder Gleichgültigkeit übersehen – wie wollen Sie es denn erst tun, wenn der Boreout Sie bereits in seinen Fängen hat?

Alex hat einer Kollegin vom Boreout erzählt. Sie leitet eine Schule und studiert zusätzlich noch an der Universität. Von ihr bekam Alex einen Text, der den Boreout aus einem kritischen, eigenverantwortlichen Blickwinkel beleuchtet:

Hallo Alex,

eines muss ich direkt klarstellen: Ich leide nicht am Boreout. Mit diesem Phänomen bin ich noch nie in Berührung gekommen. Ich habe als Kellnerin gearbeitet, als Sekretärin und als Lehrerin. Alle diese Berufe waren für mich keine Lebenstraumerfüllung. Sie waren alle gut zu ihrer Zeit und es war auch gut, als ich dann die nächste Aufgabe in Angriff genommen habe. Ich kenne diese langweiligen, monotonen, administrativen und wenig geachteten Aufgaben. Ich kenne Langeweile, Unterforderung und Desinteresse bei der Arbeit, diesen Mix von schlechten Gefühlen, der einen dort unzufrieden macht. Ich kenne die Disziplin, die man aufbringen muss, wenn man seinen Job trotzdem erledigen will. Aber: Ich kenne die Boreout-Strategien nicht. Ich versinke nicht in meinem Elend. Im Gegenteil: Ich liebe meine Arbeit, sie fordert mich jeden Tag aufs Neue heraus! Und wenn mir etwas nicht passt, dann ändere ich es. Diese Boreout-Geschichten aber, die nerven mich. Es langweilt mich, dieses Selbstmitleid. So à la »Gefangen im Graben zwischen Selbstverwirklichung und dem Wunsch nach Wohlstand und sozialer Achtung«. Man träumt vom eigenen Weingut und dem eigenen Olivenhain in der Toskana, lehnt sich dann lässig zurück und meint seufzend, man wisse, wie das Leben eben so laufe. Damit das jetzt richtig verstanden wird: Ich bin keine weltfremde Träumerin mit Hippie-Allüren. Und ich argumentiere nicht gegen den Kapitalismus, der uns alle arm lässt, die einen an Geld, die anderen an Träumen, blabla. Es ist nur so: Der Boreout ist eine faule Ausrede. Im Grunde geht es doch – jetzt mal ganz bieder und langweilig – um Verantwortung. Ich behaupte: Wer den Mut hat, die Verantwortung für sein selbst gewähltes Lebensmodell zu übernehmen, der wird nie unter einem Boreout leiden. Denn zur Verantwortung seinem eigenen Leben gegenüber gehört, dass man sensibel ist für seine eigenen Bedürfnisse und wenn nötig die Konsequenzen zieht und nicht in einer lähmenden Situation verharrt. Wenn man merkt, dass der Job der falsche ist, der Beruf falsch gewählt wurde, dass man vom Chef oder der Chefin nichts lernen kann oder man sich nicht einbringen kann, genau das aber für wichtig hält – hey, warum nicht die Konsequenzen ziehen? Klar, das kostet was. Sicherheit, Geld oder Lebensträume. Im Grunde wissen wir doch längst, dass Geld nicht alles, Sicherheit sowieso unerreichbar und Lebensträume nicht immer realistisch sind. Es geht nicht immer weiter, höher und besser. Es geht nicht für alle gleich. Und es gibt nichts umsonst. Für niemanden. Weil wir uns das Leben nicht perfekt machen können, weil es größer ist als wir, weil wir ihm ausgeliefert sind und wir uns auf seine Spielregeln einlassen müssen. Früher oder eben später. Ich kenne die Elemente des Boreout, ich kenne aber den Boreout als Phänomen nicht. Meine Antwort auf den Boreout ist also: Wechsle den Job oder bleib und arrangiere dich. Jammere nicht rum. Und wenn alle Stricke reißen: Trink deinen eigenen Wein.

Klare Worte. Diese Frau kennt, wie sie sagt, die verschiedenen Elemente des Boreout, die Langeweile, die Unterforderung und das Desinteresse. Die Jobs, die sie hatte, wären eigentlich der ideale Nährboden für den Boreout. Sie könnten jetzt denken, dass sie ihn verdrängt. Wir gehen aber nicht davon aus. Wir sind optimistischer: Die Einzelelemente Langeweile, Unterforderung und Desinteresse haben bei dieser Person nicht zum Boreout geführt. Ihre Darstellung beweist nicht, dass es den Boreout nicht gibt, sondern dass man ihn bewältigen oder ihm vorbeugen kann. Und sie erklärt gleich selbst, wie sie das geschafft hat – nämlich indem sie ihre Eigenverantwortung wahrgenommen hat.

Der qualitative Lohn

Es gibt einen Weg aus dem Boreout, und es gibt einen Weg, ihn zu vermeiden. Die Grundlage dieses Weges ist die Eigenverantwortung, wie die vorangehende Geschichte gezeigt hat. Die Eigenverantwortung ist also unser Leitfaden für die Flucht aus dem Boreout. Und somit ist sie auch der Leitfaden bei unserer Lösung, dem sogenannten qualitativen Lohn. Betrachten wir ein letztes Mal den kranken Mitarbeiter und die kranke Mitarbeiterin, bevor wir von der Heilung sprechen.

Arbeit als milde Krankheit

Die Diagnose ist der erste Schritt zur Lösung. Das haben wir in den vorangehenden Kapiteln getan: Wir haben gesehen, was den Boreout ausmacht und wie er entsteht. Wir haben beschrieben, wie paradox das Verhalten der Betroffenen sein kann, und aufgezeigt, wie schleichend sich der Boreout entwickelt. Natürlich sind wir nicht die Entdecker der Langeweile, der Unterforderung oder des Desinteresses am Arbeitsplatz. Jedes Element des Boreout ist, für sich alleine betrachtet, altbekannt. Mit dem Boreout beschreiben wir jedoch ein Phänomen, das diese drei Elemente aufgrund ihrer gegenseitigen Abhängigkeiten miteinander kombiniert und um die Strategien ergänzt – ähnlich einer Krankheit, die aus verschiedenen Symptomen besteht.

Der deutsch-amerikanische Philosoph Frithjof Bergmann hat genau einen solchen Vergleich angestellt. Er bezeichnet Arbeit als milde Krankheit. Gemäß Bergmann geht eine milde Krankheit schnell vorbei, so auch die Arbeitswoche: Am Mittwoch ist es »bereits« Mittwoch, das hilft, über den Donnerstag und den Freitag hinwegzukommen. Ein herrlicher, absolut treffender Vergleich – insbesondere im Zusammenhang mit dem Boreout –, den wir für unser Lösungskapitel aufnehmen wollen. Wir betrachten den Boreout als Grippe. Fieber, Übelkeit oder Erkältung machen, jedes für sich alleine genommen, noch keine Grippe aus, wenn sie als Symptome einzeln vorkommen. Zur Diagnose »Grippe« führt erst die Kombination der Symptome. So verhält es sich mit unserem Untersuchungsgegenstand: Neu ist die Kombination der Einzelteile zu einem ganzheitlich betrachteten Phänomen – namens Boreout:

- Er besteht aus drei einzeln vorkommenden Elementen sowie den Strategien: Das ist die Dimension der einzelnen Bestandteile.
- Aufgrund der gegenseitigen Abhängigkeiten dieser Bestandteile entsteht etwas Neues, der Boreout: Das ist die Dimension des Gesamtphänomens.

Um der Mehrdimensionalität des Boreout Rechnung zu tragen, braucht es eine Lösung, welche diese beiden Ebenen berücksichtigt.

Was bedeutet das genau? Betrachten wir ein konkretes Beispiel: Kommunikationstheorien am Arbeitsplatz heben zum Beispiel häufig darauf ab, wie man das Verhältnis zu seinem Chef verbessern kann. Sie kennen dies sicher aus Ihrer internen Weiterbildung oder den postulierten Kulturwerten des Unternehmens: »Sprechen Sie Probleme offen an«, »Geben Sie konstruktives Feedback« und vieles mehr. Dies ist eine punktuelle Maßnahme, welche zum Beispiel helfen würde, wenn der Arbeitnehmer unterfordert ist, sich traut, dies dem Vorgesetzten zu sagen und dieser ihm daraufhin mehr Arbeit überträgt. Diese Maßnahme würde genau dieses Problem lösen, andere Aspekte der Zufriedenheit am Arbeitsplatz tendenziell jedoch außer Acht lassen. Was aber, wenn den Arbeitnehmer die Arbeit gar nicht interessiert? Dann helfen noch so viele Aufgaben nicht, um ihn zufrieden zu machen. Genau aus diesem Grunde braucht es einen umfassenden

Ansatz, der zusätzliche Aspekte berücksichtigt, welche die Zufriedenheit am Arbeitsplatz beeinflussen. Ein übergeordnetes Schema ist nötig, in welchem diese einzelnen punktuellen Maßnahmen eingeordnet und durch weitere Aspekte ergänzt werden.

Um auf den Vergleich mit der Grippe zurückzukommen: Viele Medikamente behandeln nur einzelne Symptome wie zum Beispiel den Schnupfen; das Einnehmen eines einzelnen Medikamentes wäre demnach eine solche punktuelle Maßnahme nur gegen den Schnupfen. Vielleicht gibt es sogar Medikamente, die verschiedene Symptome gleichzeitig behandeln. Aber ohne etwas geht es nicht – die Bettruhe, denn auch sie gehört zur Lösung dazu. Sie ist die Grundlage im Verbund mit spezifischen Medikamenten gegen einzelne Symptome, um schnell wieder gesund zu werden. Es sind demnach mehrere Maßnahmen, die nötig sind, um die Grippe als solche schnell zu kurieren; ähnlich verhält es sich mit dem Boreout.

Die Elemente des qualitativen Lohns

Wir haben gesehen, dass ein mehrdimensionales Phänomen eine mehrdimensionale Lösung braucht. Unsere Lösung erfüllt dieses Kriterium – es ist der von uns so genannte qualitative Lohn.

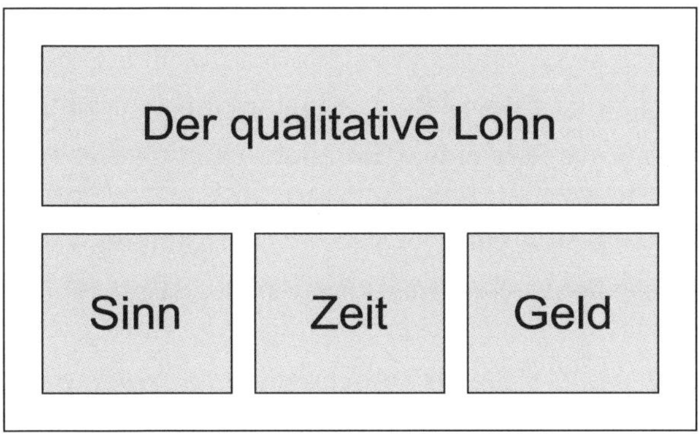

Sinn, Zeit und Geld: Dies sind unserer Ansicht nach die zentralen Elemente für Zufriedenheit am Arbeitsplatz. Betrachten wir auf den nächsten Seiten ein wenig genauer, was wir unter dem qualitativen Lohn verstehen.

Wir erweitern mit der Kombination dieser drei Elemente den Begriff Lohn – weg von der rein monetären Bedeutung hin zu einem ganzheitlichen Verständnis. Denn Sie bekommen nicht nur Geld für Ihre Arbeit, sondern finden persönliche Befriedigung (Element Sinn), sind ausgelastet und haben die Möglichkeit, Ihre Hobbys in der Freizeit intensiver zu pflegen und das verdiente Geld auch auszugeben (Element Zeit). Dies ist der zentrale Punkt: Der qualitative Lohn definiert sich also nicht quantitativ über die absolute Höhe des Einkommens, sondern ist ein Spiegelbild der gesamten Zufriedenheit mit dem Arbeitsplatz.

- Der qualitative Lohn ist hoch, wenn der Arbeitnehmer mit allen drei Elementen zufrieden ist: wenn er also in allen Bereichen genügend »entschädigt« wird – nicht nur monetär.

- Der qualitative Lohn ist niedrig, wenn die Befriedigung in diesen drei Bereichen unzureichend ist oder wenn ein Missverhältnis zwischen ihnen besteht (zum Beispiel ist das Sinnelement gut abgedeckt, aber zu einem Lohn, der zu wenig zum Leben, aber zum Sterben zu viel ist).

- Der qualitative Lohn ist für den Arbeitnehmer eine *Orientierungshilfe,* um entweder einem Boreout zuvorzukommen oder ihn, wenn er bereits am Boreout leidet, zu besiegen. Wir präsentieren ihn zwar als Lösung, möchten aber darauf hinweisen, dass er auch dazu dient, einen Boreout gar nicht erst entstehen zu lassen.

- Es muss das Ziel des Arbeitnehmers sein, seinen persönlichen, individuellen qualitativen Lohn zu maximieren. Aber Achtung:

Tappen Sie jetzt nicht in die Falle und beginnen Sie mit dem Element Geld. Auch dieses soll nur unter Berücksichtigung der anderen zwei Elemente maximiert werden. So wie sich die Elemente des Boreout gegenseitig bedingen, so bedingen sich, wie wir gesehen haben, die drei Elemente des qualitativen Lohns

- Der qualitative Lohn ist *nachhaltig*, er schlägt eben nicht nur eine punktuelle Maßnahme vor, die vielleicht ein Problem im Moment unmittelbar lösen kann, aber langfristig wichtigere Aspekte außer Acht lässt und somit nur temporären Erfolg hat. Auf die Kombination der Elemente kommt es an. Punktuelle Maßnahmen gehören auch dazu, aber sie müssen in eine nachhaltige Lösung eingebettet sein.

- Die Gewichtung der drei Elemente beträgt je 40 Prozent. Das ergibt zusammen 120 Prozent. Kein Rechenfehler, sondern der klare Hinweis darauf, dass das Gesamte mehr ist als die Summe der Einzelteile. Das bedeutet aber auch, dass keines der drei Elemente mehrheitlich erfüllend ist, alle drei bilden für sich alleine genommen immer eine Minderheit.

Wie gesagt: Der qualitative Lohn ist ein Schema, an dem Sie sich orientieren können, um ganz konkret aus dem Boreout-Schlamassel zu finden oder einem Boreout zuvorzukommen. Zu diesem Zweck werden wir jedes Element des qualitativen Lohns nun genauer betrachten und Ihnen jeweils Tipps mit auf den künftigen, Boreout-freien Arbeitsweg geben. Sie werden helfen, Ihren qualitativen Lohn zu maximieren.

Wir suchen Sinn

Weshalb arbeiten wir eigentlich? Die erste spontane Antwort lautet: weil wir müssen, weil wir Geld brauchen zum Leben. Es geht primär um die reine Sicherung der Existenz und der grundlegenden materiellen Bedürfnisse. Weil wir dies tun müssen und weil unsere Existenzsicherung unmittelbar mit Geld verknüpft ist, tendieren wir dazu, dieses einseitig zu gewichten: Stimmt das Geld, stimmt der Job. Das führt dazu, dass wir für viel Geld viel in Kauf nehmen. Wir tun somit oft Dinge, die wir gar nicht gerne tun. Eine wenig originelle Feststellung, das ist wahr. Aber so ist es nun einmal tatsächlich.

Würden denn die vielen Arbeitnehmer, die von dieser Zwangssituation betroffen sind, nicht mehr arbeiten, wenn sie nicht mehr müssten, weil ihre Grundbedürfnisse befriedigt sind – weil sie einfach reich sind? Kaum vorstellbar, mit Verlaub. Was würden wir in einem solchen Fall den ganzen Tag tun? Am Pool sitzen, mal einen Ausflug in die Berge oder die Karibik machen und uns wie im Schlaraffenland den Bauch füllen? Vielleicht ginge das für kurze Zeit, genauso wie ein bisschen Langeweile am Arbeitsplatz für kurze Zeit durchaus ihren Reiz hat. Aber, und das gilt auch fürs Schlaraffenland: Zu viel ist zu viel, auch des Guten. Wir würden also dem Schlaraffenland nach kurzer Zeit den Rücken kehren. Vielleicht, um dem Nachbarn bei der Renovierung seines Hauses zu helfen, um Sozialarbeit zu machen oder um eine eigene Idee zu entwickeln.

Gerade in Katastrophenfällen zeigt sich schnell, was sinnstiftende Arbeit sein kann: Menschen helfen sich gegenseitig bei Überschwemmungen, Erdrutschen und Erdbeben. Menschenleben werden gerettet, Kranke gepflegt, Hilfsgüter verteilt, Geld wird gespendet. Ein Boreout ist in solchen Situationen undenkbar. Oder können Sie sich Feuerwehr- oder Sanitätsleute vorstellen, die sich vor der Arbeit drücken und gelangweilt auf einem Schadensplatz rumlungern?

Müssten wir also nicht arbeiten, weil unsere materiellen Bedürfnisse abgedeckt wären, würden wir es dennoch tun. Unser Kriterium, das zu wählen, was wir tun würden, wäre jedoch in diesem Falle ein anderes: Wir könnten frei wählen, ohne den Aspekt Geld- Einkommen berücksichtigen zu müssen. Wir würden das tun, was uns sinnvoll erschiene: was wir gerne tun, was uns Spaß macht und womit wir uns wohlfühlen und identifizieren. Kriterium wäre der Sinn der Arbeit.

Es geht also nicht darum, anstelle einer ungeliebten Arbeit keine mehr zu haben, sondern vielmehr um sinnstiftende Arbeit. Etwas, das uns Befriedigung und Anerkennung verschafft. Durch Anerkennung finden wir schnell zum Sinn: Denn Anerkennung vermittelt uns das Gefühl, dass wir als Personen und dass das, was wir tun, akzeptiert sind. Man lobt uns und unsere Arbeit – man erkennt uns an. Ob in der Katastrophensituation oder im Alltag: Anerkennung macht den Sinn für uns fühl- und erlebbar.

Das erste Element des qualitativen Lohn ist somit der Sinn, den wir in unserer Tätigkeit sehen sollten. Wer das tut, der kann sich leichter mit ihr identifizieren, ja vielleicht macht sie ihm sogar Spaß. Es geht darum, den Sinn in der Arbeit zu suchen oder die Rahmenbedingungen der Arbeit so zu verändern, dass deren Sinn klarer wird. Sinn ist in der Arbeit nicht einfach enthalten, Sinn muss man entdecken: der Bankangestellte, der Strategien entwickelt, um das Geschäft profitabler zu machen; der Polizist, der die Gesellschaft vor Kriminellen beschützen will; oder der Arzt, der Kranke heilt. Dabei gilt: Was für den einen sinnvoll ist, kann für den andern absolut sinnlos oder langweilig sein.

Überlegen Sie sich, ob Ihr momentaner Job für Sie persönlich sinnvoll ist. Gehen Sie dabei folgendermaßen vor: Fragen Sie sich, ob Ihre Arbeit Sie wirklich interessiert. Wir nehmen also zunächst das *Interesse* in den Blick. Das Interesse ermöglicht uns, den Sinn unserer Tätigkeit für uns selbst schnell zu erkennen. Zu Unrecht wird die Frage »Interessiert mich mein Job wirklich?« oft verdrängt. Denn wenn das Interesse an der Arbeit nicht vorhanden ist, werden die

Arbeitstage mit hoher Wahrscheinlichkeit zur Qual. Der qualitative Lohn fällt also insbesondere dann höher aus, wenn Sie etwas arbeiten, das Sie wirklich interessiert. Denn dann verbringen Sie Ihre Arbeitszeit zufrieden.

Arbeiten Sie etwas, was Sie wirklich interessiert

Folgender Fragekatalog kann Ihnen als Gedankenstütze hilfreich sein:

- Ist der Teil meiner Arbeit, der mich befriedigt, groß genug?
- Gehe ich gerne zur Arbeit?
- Bekomme ich genug Anerkennung für das, was ich tue?
- Gibt es etwas, was ich eigentlich viel spannender finden würde als meine derzeitige Arbeit, und könnte ich damit Geld verdienen? Tue ich solche Dinge beispielsweise in der Freizeit?
- Kenne ich Menschen, die ich um ihren Job beneide – nicht, weil sie viel verdienen, sondern weil sie eine spannende Aufgabe haben? Was unterscheidet mich von diesen Menschen?
- Habe ich meinen Beruf gewählt, weil ich das so wollte oder weil es meine Eltern oder mein damaliges Umfeld von mir erwartet haben?

Erstes Fazit: Schenken Sie dem Interesse genügend Bedeutung. Der bereits zitierte Frithjof Bergmann bestätigt, dass die meisten Menschen nicht das tun, was sie wirklich interessiert. Eine ernüchternde Feststellung, die aber beweist, dass es trotz oder gerade wegen der Unmenge von Branchen und Jobprofilen offensichtlich nicht einfach ist, das zu finden, was man wirklich gerne tun würde. Wahr ist natürlich auch: Nicht jeder kann den Anspruch auf eine interessante Arbeit erheben. Viele Faktoren können dies verhindern – unterschiedliche Begabungen, die Familie, die man ernähren muss. Zudem gibt es in unserer Gesellschaft eine Unmenge an Arbeit, die einfach erledigt werden muss und bei der es schwierig wird, sie interessant zu finden. Aber dennoch sollte die Frage nach dem Interesse, wenn immer möglich, der Leitfaden sein, nach dem Sie sich orientieren – entweder bei der Analyse Ihrer momentanen Arbeit oder wenn Sie über einen neuen Job nachdenken. Denn wenn es Ihnen gelingt, Ihre persönlichen Interessen mit Ihrer Arbeit zu verbinden, dann ist eine zentrale Voraussetzung geschaffen, um im Verbund mit den Elementen Geld und Zeit Ihren qualitativen Lohn zu maximieren.

Es ist zwar wie gesagt nicht jedermann vergönnt, eine Arbeit zu haben, die ihn wirklich interessiert. Umso wichtiger werden zusätzliche Aspekte, die den Blick auf den Sinn freimachen und fehlendes Interesse mindestens teilweise kompensieren können, denn gerade solche Arbeitnehmer sind vom Boreout betroffen. Ein solcher Ansatz fokussiert stark auf die zwischenmenschliche Ebene, auf die *Kommunikation*. Sie kann helfen, Sinn in einer Tätigkeit überhaupt erst zu erkennen. Aktive Kommunikation kann Ihnen helfen, Ihre Aufgaben im Kontext des Unternehmens besser einordnen zu können. Sie zeigen gleichzeitig, dass Sie Ihr Unternehmen interessiert und dass Sie für herausfordernde, anspruchsvolle Tätigkeiten bereit sind.

> Entdecken Sie den Sinn Ihrer Tätigkeit, indem Sie aktiv kommunizieren.

Viele Tätigkeiten sind sinnvoll, auch wenn der Sinn nicht immer so offensichtlich ist wie zum Beispiel im Pflegesektor. Dann ist es jedoch nötig, diesen Sinn aktiv zu kommunizieren. Dies unterbleibt im normalen Berufsalltag jedoch oft genug. So überträgt der Chef dem Angestellten eine einzelne Aufgabe, ohne ihm jedoch gleichzeitig zu erklären, weshalb er diese Aufgabe erledigen muss. Der Arbeitnehmer tut dann etwas, ohne den größeren Zusammenhang zu sehen, geschweige denn zu verstehen. Oder der Vorgesetzte delegiert niemals die spannenden Aufgaben und bietet somit seinen Teammitgliedern zu wenig Gelegenheiten, sinnvolle Arbeit zu erledigen. Dies kann kurzzeitig gut gehen, aber längerfristig wird die Arbeit dadurch sinnlos und der Arbeitnehmer beginnt, das Interesse an seiner Tätigkeit zu verlieren.

Deshalb müssen Sie aktiv werden und den Sinn Ihrer Tätigkeit erfragen. Folgender Fragekatalog kann Ihnen bei diesem Schritt behilflich sein:

- Beginnen Sie bei sich: Sehe ich den Sinn meiner Arbeit, selbst wenn sie mich nicht allzu sehr interessiert?

- Wenn nein: Wie bringe ich meinen Chef dazu, dass er mir den Sinn meiner Arbeit erklärt?

- Gibt es innerhalb des Unternehmens sinnvolle Arbeit, aber ich komme nicht an sie heran? Könnte ich das mit einem Gespräch ändern?

- Zeige ich allen wichtigen Personen innerhalb des Unternehmens, dass ich an sinnvoller Arbeit interessiert bin – oder hinterlasse ich den Eindruck, faul oder desinteressiert zu sein?

- Wie kann ich kommunizieren, dass ich am Unternehmen interessiert bin und in der Tätigkeit Sinn sehe, dass ich im Alltag aber zu wenig sinnvolle Arbeit erledigen darf?

Unser Leitfaden ist die Eigenverantwortung. Sie haben recht, wenn Sie jetzt einwerfen, dass man gerade an diesem Punkt mit der Eigenverantwortung an Grenzen stößt. Denn Kommunikation ist immer beidseitig, somit ist man auch auf die andere Seite angewiesen. Wenn Ihr Vorgesetzter auf Ihre Signale nicht eingeht, können Sie irgendwann nichts mehr tun. Hier wird also vorausgesetzt, dass Ihr Chef sich Zeit nimmt und sich mit Ihnen und Ihren Fragen auseinandersetzt; Ausreden wie »Habe keine Zeit, bin im Stress« können einmal gelten, aber nicht permanent. Ihre letzte Möglichkeit ist natürlich die Kündigung. Vorher sollten Sie aber alles versuchen, denn sonst rutschen Sie unter Umständen am neuen Ort wieder in die gleiche Misere.

Der dritte Ansatz, Sinn an der Arbeit zu erkennen, bezieht sich auf Ihre persönliche *Einstellung* zur Arbeit. Denn vielleicht können Sie ja noch mehr tun, um sich bei der Arbeit wohlzufühlen und den Sinn in Ihrer täglichen Tätigkeit zu entdecken. Eine positive Grundeinstellung macht Sie bereit für Neues, Unerwartetes und eröffnet viel eher neue Möglichkeiten als ein griesgrämiges »Vor-sich-hin- Gemurre«.

Arbeiten Sie an Ihrer Einstellung zur Arbeit.

Es geht hier insbesondere darum, wie Sie sich motivieren können, eine wenig spannende Arbeit wenigstens mit einer positiven Grundeinstellung ausüben können. Positives Denken gehört hier ebenso dazu wie Spaß. Stephen Lundin und seine Mitautoren haben zu diesem Thema einen äußerst spannenden Beitrag verfasst. Ihr Buch *Fish* enthält vier einfache Punkte, welche unter anderem unsere geschilderten Probleme mildern können. Es sind die folgenden: »Wähle Deine Einstellung«, »Spiele«, »Mache anderen eine Freude« und »Sei präsent«. Ihr Credo: Sie können auch eine langweilige und sinnlose Arbeit zufrieden erledigen, wenn nur Ihre Einstellung stimmt. Und diese können Sie beeinflussen.

Wir sind der festen Überzeugung, dass gerade eine ausgebaute Spielkultur den Arbeitsplatz um einiges erträglicher macht als die verstaubte Karteikartenkultur vieler Versicherungen, Banken und öffentlichen Verwaltungen. Überlegen Sie sich Möglichkeiten, Ihre Zufriedenheit bei der Arbeit zu erhöhen. Beispielsweise macht es Spaß, anderen eine Freude zu bereiten. Nicht dass Sie uns jetzt missverstehen: Solche und ähnliche Motivationsansätze können vielfach nicht darüber hinwegtäuschen, dass die Arbeit immer noch langweilig oder uninteressant ist. Aber sie können die milde Krankheit Arbeit erträglicher machen. Und zwar, indem Sie den Sinn nicht mehr nur in der eigentlichen Tätigkeit suchen, sondern am Arbeitsplatz als Ganzem. So kann zum Beispiel ein gutes Betriebsklima eine uninteressante Arbeit zwar nicht interessanter machen, aber erträglicher. Und vielleicht ergeben sich ja dank dieser positiven Grundeinstellung neue Chancen und die Aussicht auf eine Arbeit, die Sie wirklich interessiert.

Wir können es auch umdrehen: Ein eigentlich spannender Job kann durch spießige und vergrämte Kollegen schnell zur Hölle werden – Interesse hin oder her. Sie können mit einer steifen, biederen und unspaßigen Kultur alles kaputtmachen. Gespielte Dynamik und Offenheit werden Sie nach einigen Wochen durchschauen, und Sie werden sich davor ekeln. Die Freude und das Interesse an Ihrer Beschäftigung werden schwinden – dann ist es Zeit für eine Kehrtwende.

Unsere zusammenfassende Erkenntnis: Alle Ansätze zielen darauf ab, über die Sinnfindung insbesondere das Desinteresse zu besiegen. Versuchen Sie also, mittels der gerade beschriebenen Schritte den Sinn Ihrer Arbeit zu erkennen. Wenn Ihre Arbeit Sie interessiert, umso besser. Wenn nicht, nützen Sie die anderen Ratschläge, um wenigstens das kleine bisschen Sinn Ihrer Arbeit zu entdecken und die »milde Krankheit« Arbeit erträglicher zu machen. Das Leben ist zu kurz, die Lebensarbeitszeit jedoch zu lang, um konstant mit der Gewissheit zu leben, etwas zu tun, das man als sinnlos erachtet.

Verzweifeln Sie jedoch nicht an der Sinnfrage. Wenn Sie Ihre Arbeit nicht interessiert und Sie auf keine Art und Weise etwas Sinnvolles an ihr entdecken können, wenn Ihr Chef nicht auf Sie eingeht oder das Betriebsklima vergiftet ist, dann müssen Sie schnellstens handeln:

> Kündigen Sie, wenn Sie vor lauter Sinnlosigkeit Ihrer Arbeit endgültig genug haben.

Wenn Sie einfach nicht weiterkommen an Ihrem Arbeitsplatz, dann gehen Sie und ergeben Sie sich nicht Ihrem Boreout-Schicksal. Denn niemandem, am wenigsten Ihnen persönlich, ist geholfen, wenn Sie am Arbeitsplatz unzufrieden sind und diese Unzufriedenheit in Ihre Freizeit mitschleppen. Und wenn Sie einen neuen Job suchen, dann etwas, was Sie als sinnvoll erachten. Denn sonst kommen Sie vom Regen in die Traufe. Ein Wechsel nützt nämlich nichts, wenn Sie das grundsätzlich Falsche tun, wenn es also – wie im Ursachen-Kapitel beschrieben – nicht einfach nur am falschen Ort passiert. Den falschen Ort können Sie wechseln. Wenn Sie den falschen Beruf haben oder in der falschen Branche sind, brauchen Sie einen grundsätzlichen Neustart. Das dauert dann etwas länger.

Sie sehen: Sinnvolle Arbeit ist zentral für eine nachhaltige berufliche Zufriedenheit. Holen wir hier das Maximum raus, steigt unser qualitativer Lohn. Aber Achtung: Es ist nur ein Element davon, denn auch wer eine interessante Arbeit hat, kann gelangweilt oder unterfordert sein oder zu wenig verdienen. Die alleinige Orientierung am Sinn löst demnach das Boreout-Problem nicht. Wenden wir uns also dem zweiten Element des qualitativen Lohnes zu, der Zeit.

Wir beurteilen die Zeit

Zeit ist Geld. Ein berühmter, wenn auch recht eindimensionaler Spruch. Denn Zeit ist viel mehr: Sie ist unser wertvollstes Gut, es gibt nur eine Lebenszeit. Deshalb muss man mit ihr vernünftig umgehen, sich fragen, womit man seine Zeit verbringen will und wo die eigenen Prioritäten liegen. Der Wert der Zeit zeigt sich im Alter. Ältere Menschen wünschen sich nur eines: Zeit von jenen, mit denen sie sie verbringen möchten.

Zeit, wie wir sie im Hinblick auf den qualitativen Lohn verstehen, bezieht sich einerseits auf jene Zeit, die der Arbeitnehmer für die Arbeit aufwendet (quantitativ), und das ist nicht wenig. Inklusive Arbeitsweg verbringt der durchschnittliche Arbeitnehmer neun bis zehn Stunden pro Tag mit beruflicher Tätigkeit. Was übrig bleibt, ist die Freizeit. Ihre wichtige Funktion ist es, einen Ausgleich zu schaffen zur dominanten (Präsenz)-Zeit, die man bei der Arbeit verbringt. Man soll abschalten können und sich denjenigen Menschen und Dingen widmen, die einem im Leben wirklich wichtig sind. Daran ändert auch die Tatsache nichts, dass viele Menschen heutzutage nicht so richtig wissen, was sie mit ihrer freien Zeit anfangen sollen. Verwechseln Sie die Freizeit zudem nicht mit der freien Zeit, über die ein Boreout-Betroffener bei der Arbeit verfügt. Wohl kann er diese Zeit für Privates nutzen (die Strategien lassen grüssen), aber er fühlt sich, wie wir gesehen haben, dabei nach einer gewissen Zeit nicht mehr wohl. Unser Thema hier ist die wirkliche Freizeit nach Feierabend. Wir behandeln zum einen die Frage, wie viel Zeit wir für die Arbeit und wie viel wir für die Freizeit aufwenden. Es geht um das richtige Verhältnis zwischen Arbeitszeit und Freizeit: Der Zeitanteil der Arbeit darf nicht zu groß werden, weil wir sonst keine Freizeit mehr haben; in diesem Falle würden die diesbezüglichen Bedürfnisse ignoriert. Wir reden von der *quantitativen* Zeit.

Andererseits – und hier kommen wir nun sehr direkt auf die beiden Boreout-Elemente Unterforderung und Langeweile zu sprechen – bezieht sich der Begriff der Zeit darauf, wie der Arbeitnehmer seine Zeit bei der Arbeit verbringt und was er in dieser Zeit (qualitativ) tut. Wir wissen: Wenn wir nichts oder zu wenig zu tun haben, sind wir unterfordert und beginnen uns zu langweilen. Hier treffen wir quasi frontal auf wichtige Ursachen des Boreout. Diese Art von Zeit nennen wir *qualitative* Zeit.

Unser erster Tipp zum Element Zeit bezieht sich auf den qualitativen Aspekt:

Suchen Sie Arbeit während der Arbeitszeit.

Dies klingt eigentlich traurig: Ein Boreout-Betroffener muss um Arbeit bitten, damit er während der Arbeitszeit etwas zu tun hat. Sie sollten die Menge an Arbeit fordern, die Sie zeitlich auslastet, damit Sie überhaupt etwas tun, das auch mit der Arbeit zusammenhängt. Sehen Sie das vor allem auch durch die Brille des Boreout-Paradoxes: Natürlich wirkt die Aussicht auf das süsse Nichtstun auf den ersten Blick verlockend, und es ist einigermaßen weit hergeholt, in der Erwartung auf freie Zeit (während der Arbeit) um Arbeit zu bitten. Aber genau hier geraten Sie in den gefährlichen Teufelskreis, wenn Sie beginnen, über weite Strecken nichts zu tun.

Zu mehr Beschäftigung kommen Sie, indem Sie *kommunizieren*. Sie müssen bereit sein, aus dem Boreout-Paradox auszubrechen und auf all die Strategien zu verzichten, die Ihnen Arbeit vom Leibe halten. Sie müssen bereit sein, dem vermeintlich süssen Nichtstun zu entsagen und aktiv nach Beschäftigung, die etwas mit Ihrer Arbeit zu tun hat, zu suchen. Wenn Sie so weit sind, können Sie das Thema mit Ihrem Chef besprechen. Ein schwieriger, aber notwendiger Schritt.

Folgende Tipps können Ihnen bei diesem Gespräch helfen:

- Vermeiden Sie einen vorwurfsvollen Grundton. Klar, es wäre reizvoll, dem Chef so richtig die Meinung zu sagen, aber hier müssen Sie zielorientiert vorgehen: Ihr Ziel ist es, zu ausreichender und guter Arbeit zu kommen, und nicht, Ihrem Vorgesetzten den Kopf zu waschen.

- Kritikfähigkeit ist rar gesät. Formulieren Sie Ihr Anliegen als Wunsch (»Ich möchte …«) und nicht als Kritik (»Es ist schlecht, dass ich nicht …«).

- Sagen Sie trotzdem offen und deutlich, dass Sie zu wenig zu tun haben, und kommunizieren Sie Ihren Willen, mehr zu arbeiten und mehr Verantwortung zu übernehmen.

- Beweisen Sie vorher, dass Sie es können. Arbeiten Sie ungefragt etwas aus, das Sie beim Gespräch vorlegen können. Klären Sie ohne Auftrag etwas ab, das Ihnen beim Gespräch hilft. Zeigen Sie so, dass Sie zu mehr fähig sind, dass Sie mehr wissen und dass Sie mehr leisten können.

- Machen Sie Ihren Chef darauf aufmerksam, dass er mehr delegieren und nicht immer alles allein machen sollte, insbesondere nicht immer die interessanten Dinge. Wenn er sich für das einzig fähige Teammitglied hält, lassen Sie sich die Chance geben, ihn vom Gegenteil zu überzeugen.

Im Normalfall wird dieses Gespräch Ihren Chef wachrütteln und ihn veranlassen, Ihnen nicht nur mehr, sondern auch sinnvollere und interessantere Arbeit zu übertragen. Wir sehen hier den Zusammenhang zwischen Sinn und Zeit sehr gut: Es bringt nichts, wenn Ihr Chef Ihnen einfach mehr Arbeit übertraÅNgt, wenn sie langweilig und gleichzeitig für Sie sinnlos und uninteressant ist, wie Archive ordnen oder die Preisbezeichnungen im Produktekatalog anpassen (etwas, das niemand gerne macht, das aber irgendwann gemacht werden muss).

Wenn dieses Gespräch Ihrem Chef in den falschen Hals gerät, er Ihnen daraufhin nur sinnlose Tätigkeiten aufbürdet und Sie trotz Ihrer

Offenheit und Ehrlichkeit am Schluss auch noch der Trottel sind, dann ist für Sie der Moment gekommen, schnellstens zu handeln. Wenn Ihr Chef sogar guten Willen zeigt, aber gleichzeitig nichts an der Situation ändern kann, dann sollten Sie die Konsequenzen ziehen. Wenn es Ihre Aussicht ist, weiterhin unterfordert und gelangweilt zu sein, auch wenn Sie das Gespräch gesucht und bewiesen haben, dass Sie mehr wollen und es auch können, dann müssen Sie gehen.

Kündigen Sie, wenn Sie vor lauter Langeweile und Unterforderung nicht mehr weiterwissen.

Kommen wir nun zum quantitativen Teil der Zeit. Dieser Aspekt geht über die eigentliche Arbeitszeit hinaus und bezieht die Freizeit mit ein. Sie müssen einen Ausgleich finden zwischen der Zeit, die Sie Ihrer Arbeit widmen, und der Zeit, die Sie zu Ihrer freien Verfügung haben.

Suchen und finden Sie die richtige Balance zwischen Arbeitszeit und Freizeit.

Denn der qualitative Lohn ist gerade auch dann hoch, wenn Sie genug Zeit haben, Ihr verdientes Geld überhaupt genießen zu können: auswärts essen gehen mit Ihrer Partnerin oder Ihrem Partner, Freundschaften pflegen, Zeit für Sport, Musik und Reisen zu haben. Denn dafür arbeiten Sie ja: für die Bedürfnisbefriedigung außerhalb der Arbeit. Das Geld brauchen Sie nur für die Nicht-Arbeitszeit. Das kann übrigens ganz schön paradoxe Züge annehmen: Je mehr Sie arbeiten und je weiter Sie beruflich kommen, desto mehr verdienen Sie unter Umständen. Und umso weniger haben Sie von dem Geld, weil Sie die meiste Zeit am Arbeitsplatz verbringen.

Denken Sie kurz zurück an die Pseudo-Commitment-Strategie, die zu folgender, durchaus grotesker Situation führen kann: Ein Mitarbeiter bleibt so lange im Büro wie sein Chef, um Stress und gleichzeitig ungeteiltes Engagement zu zeigen. In Tat und Wahrheit wartet er jedoch vor sich hin und langweilt sich. Was er aber vor allem tut, ist, auf seine Freizeit zu verzichten, weil er davon ausgeht, dass sein Chef dies von ihm erwartet. Gewonnen hat, wer länger bleibt und dennoch nichts tut. Dieser Mitarbeiter hält sich länger am Arbeitsplatz auf als nötig und verfehlt somit das Ziel der eigentlich angestrebten Balance.

Sie müssen aufpassen, dass sich Ihre Zeitbalance nicht kontinuierlich in Richtung Arbeitszeit verschiebt. Dies muss nicht nur durch Stress bedingt sein, es reicht, wenn Sie mit Ihren Strategien ein Eigentor schießen. Verlängern Sie also Ihre Arbeitszeit nicht künstlich. Hier können Sie nur verlieren.

Schließlich gibt es die Möglichkeit der Teilzeitarbeit. In den letzten zwanzig Jahren ist eine Vielzahl von neuen Arbeits- und Freizeitmodellen entstanden, welche die Grenzen zwischen Arbeit und Freizeit immer mehr verwischen und flexibilisieren. Diese Modelle sind nicht einfach Arbeitszeitmodelle, sondern eigentliche Lebensmodelle, die oft auf einer ganzheitlichen Betrachtung der Lebenszeit beruhen und nicht nur die Arbeit fokussieren. Solche Modelle haben zwei Vorteile: Sie erhöhen einerseits den Anteil der Freizeit. Andererseits reduzieren sie den Anteil der Zeit, während der man sich mit der milden Krankheit Arbeit auseinandersetzen muss. Dies erlaubt es vielen Menschen, mangelnden Inhalt und Langeweile bei der Arbeit durch mehr Freizeit oder größere Flexibilität bei der Ausführung des Jobs zu kompensieren.

> Wählen Sie ein anderes Lebenszeitmodell.

Entscheiden Sie sich, beispielsweise nur 80 Prozent zu arbeiten, wenn Ihr Unternehmen diese Möglichkeit bietet. Sie drängen die Arbeitszeit zugunsten der Freizeit zurück. Genau diese 20 Prozent machen es unter Umständen aus, dass die Arbeit erst gar nicht zur milden Krankheit wird. Eine weitere Möglichkeit: Sie können tageweise von zu Hause aus arbeiten, dies erlaubt es Ihnen, bei Ihren Kindern zu sein, mit Ihrem Partner zu essen oder einfach Ihren eigenen Arbeitsrhythmus auszuleben.

Wir möchten an dieser Stelle noch einmal Folgendes betonen: Diese Lebenszeitmodelle lösen das Boreout-Problem am Arbeitsplatz nicht. Sie langweilen sich bei der Arbeit noch immer, sind unterfordert und desinteressiert. Aber Sie reduzieren immerhin den Anteil Ihrer Präsenz im Büro.

Wenn diese und ähnliche Ansätze etwas für Sie sind, dann beschäftigen Sie sich etwas genauer damit. Wir verweisen an dieser Stelle beispielhaft noch einmal auf Frithjof Bergmann und seinen Ansatz der »Neuen Arbeit«, der im Kern auf den Boreout und die Tatsache eingeht, dass die meisten Menschen zu viel Zeit mit etwas verbringen, was sie nicht interessiert. Teilzeitarbeitsmodelle und alternative Beschäftigungen sind aus Bergmanns Sicht die Lösung. Bergmanns Modell mag insgesamt zwar etwas utopisch erscheinen, dennoch beschreibt er treffend die Idee, den Ausgleich zwischen unterschiedlichen Tätigkeiten zu suchen.

Wir verlangen Geld

Das letzte Element des qualitativen Lohnes ist das Geld. Das ist der Lohn, den Sie dafür erhalten, dass Sie die milde Krankheit Arbeit ertragen und Ihre Zeit dem Unternehmen verkaufen. Dieses Element hat keinen direkten Bezug zum Boreout. Aber es ist die primäre Motivation, weshalb Sie arbeiten. Und es ist ein unabdingbares Element, um überleben zu können. Geld erlaubt einem, an den Vorzügen der Konsumwelt teilzuhaben und die verschiedenen Grund- und Konsumbedürfnisse zu befriedigen: Essen und Trinken, Ferien, ein schönes Auto, ein Home Cinema Center und vieles mehr. Geld macht das Leben einfacher, angenehmer und schöner; es ermöglicht nicht alles, aber doch vieles. Sie merken: Wir plädieren nicht dafür, sich vom schnöden Mammon zu distanzieren. Es gibt Ansätze, welche die Bedürfnislosigkeit preisen – wir sind keine Anhänger davon. Im Gegenteil, wir meinen ganz schnörkellos: Geld ist geil.

Doch wie hoch soll denn dieser Lohn idealerweise sein? Die instinktive Antwort ist natürlich: Möglichst hoch.

> Holen Sie das absolute Maximum an Lohn heraus!

Diese Maximierung ist grundsätzlich richtig: Kein Arbeitnehmer soll sich unter seinem Wert verkaufen.Weshalb sich mit weniger zufrieden geben, wenn es auch mehr sein kann? Die Gefahr besteht darin, dass die Aussicht auf möglichst viel Geld zum einzigen Ziel wird. So blendet man unter Umständen andere Dimensionen aus, die für die persönliche Zufriedenheit – nicht nur am Arbeitsplatz – ebenso wichtig sind. Geld ist zwar einerseits geil. Aber es ist auch ein Betrüger , denn es gaukelt uns vor, wir seien glücklich, wenn wir viel davon haben. Aber gerade dann, wenn man es hat, verliert das Geld und alles, was man sich damit kaufen kann, oft und schnell an Reiz. Dies belegen Umfragen immer wieder. Und: Auch Geld hat seinen Preis. Wer sich nur am Geld orientiert und Sinn und Zeit außer Acht lässt, bezahlt dies mit Unzufriedenheit, Frust, Verlust von Freundschaften oder gar mit gesundheitlichen Problemen. Geld wird somit, isoliert betrachtet, zu einem schlechten Ratgeber für die Wahl der Arbeit, denn es vermag Unzufriedenheit nicht zu kompensieren. Es kann sogar zum Hinderungsgrund werden, das zu tun, was man wirklich tun will.

Dennoch: Maximieren Sie Ihren Geldlohn. Fordern Sie eine Lohnerhöhung, vergleichen Sie Ihren Lohn mit demjenigen Ihrer Kollegen. Sie können sogar den Job wechseln, wenn Sie am neuen Ort mehr verdienen, aber berücksichtigen Sie dabei immer die Elemente Sinn und Zeit. Wenn Sie das Falsche tun, so wird Ihnen noch so viel Geld nicht weiterhelfen, Ihre Arbeitstage zufrieden zu verbringen.

Fassen wir zusammen

Betrachten Sie den qualitativen Lohn als ein Vehikel, das es Ihnen ermöglicht, einen Boreout zu vermeiden (Prävention) oder aus einem Boreout herauszukommen (Genesung). Analysieren Sie Ihre Situation unter neuen Gewichtungen und behalten Sie die drei Kriterien Sinn, Zeit und Geld im Auge.

Entscheiden Sie nie eindimensional und verzichten Sie nicht einfach auf etwas, was Sie später vermissen werden. Das geht nur in seltenen Fällen gut. Wir würden Sie beglückwünschen, wenn Ihnen vor lauter Geld der fehlende Sinn Ihrer Arbeit nicht auffiele. Wir würden Sie auch dann beglückwünschen, wenn Sie vor lauter Sinn fast völlig auf das Geld verzichten können. In die erste Gruppe gehören wohl am ehesten leitende Angestellte von Banken und Versicherungen, in die zweite Gruppe Hilfswerkangestellte und Klosterbewohner. Wenn das auf Sie nicht zutrifft, dann müssen Sie alle drei Elemente in Ihre Überlegungen mit einbeziehen.

Und noch einmal: Fragen Sie sich früh in Ihrem Leben, ob Sie das, was Sie tun oder tun wollen, auch wirklich interessiert. Lassen Sie sich nicht zu fest von externen Faktoren (Freunde und Familie) beeinflussen. Wenn Sie eine Beschäftigung haben, bei der Sie den *Sinn* vermissen, suchen Sie zuerst nach ihm, bevor Sie das Unternehmen frustriert verlassen. Nicht alle finden alles gleich sinnvoll: Hören Sie auf sich und nicht auf die andern. Arbeiten Sie an Ihrer Einstellung, das ist zentral: Wenn Sie von Anfang an mit einer Unlust an die Arbeit gehen, ist es naheliegend, dass Sie auch den Sinn darin nicht sehen. Spaß hilft. Arbeiten Sie an der Spielkultur im Team, ohne dabei unzuverlässig oder schlampig zu werden. Erst wenn das alles nichts nützt, müssen Sie gehen. Aber überlegen Sie sich zu diesem Zeitpunkt gut, ob Sie einfach nur am falschen Ort waren oder ob Sie grundsätzlich das Falsche getan haben. Im zweiten Fall nützt Ihnen ein Wechsel wenig bis nichts. Dann müssten Sie sich Gedanken machen, ob Sie in Ihrer beruflichen Laufbahn nicht etwas grundlegend anderes brauchen.

Wenn Sie die Sinnfrage beantwortet haben, sollten Sie darauf achten, auch sinnvolle Arbeit erledigen zu können. Es nützt Ihnen nichts, eine eigentlich spannende Stelle gefunden oder eine spannende Laufbahn gewählt zu haben, wenn Sie mit spannender Arbeit gar nicht konfrontiert werden und stundenlang nichts zu tun haben. Das ist der qualitative Aspekt von *Zeit*. Füllen Sie die Arbeitszeit auch wirklich mit spannenden Inhalten. Zeit hat auch eine quantitative Seite: Zu viel Arbeit macht irgendwann auch keinen Spaß mehr. Zu viel des Guten ist definitiv zu viel. Eine vernünftige Jahresarbeitszeit mit genug Freiraum für Privates hilft Ihnen, Ihr persönliches Glück zu finden. Sie sollten genügend Zeit haben, Ihre privaten Bedürfnisse zu befriedigen.

Achten Sie schließlich auf Ihr Gehalt. *Geld* ist wichtig und sichert nicht nur Ihre Grundbedürfnisse. Geld macht Sie unabhängiger. Vernachlässigen Sie diesen Punkt nicht. Holen Sie das Maximum heraus, ohne aber die Elemente Sinn und Zeit zu vergessen, denn das ist hier die größte Gefahr. Die Fokussierung auf Geld alleine ist ein schlechter Ratgeber.

Ihr qualitativer Lohn ist hoch, wenn Sie aus allen drei Elementen genug herausholen und somit der Output groß ist. Ihr qualitativer Lohn ist niedrig, wenn Ihnen das nicht gelingt. In diesem Fall ist die

»Chance« auf einen Boreout groß. Das klassische Beispiel: Sie tun etwas, was Sie nicht interessiert (mangelnder Sinn), sind gelangweilt und unterfordert, weil Sie zu wenig zu tun haben (schlechte Zeit) und verdienen gut (hohes Gehalt), was Sie motiviert, diesen Zustand zu erhalten. In dieser Kombination benötigen Sie ziemlich viel Energie, um aus der Situation herauszukommen.

Setzen Sie von Anfang an die Brille des qualitativen Lohnes auf. Das hilft Ihnen, einen Boreout zu vermeiden. Wenn Sie schon im Boreout-Schlamassel stecken, gehen Sie unsere Tipps durch und probieren Sie eine Verbesserung vor Ort. Wenn alles nichts nützt, dann kündigen Sie. Wagen Sie einen Neuanfang. Aber bitte: Wagen Sie einen *richtigen* Neuanfang. Vergessen Sie dabei unsere Brille nicht.

Schlusswort

Lassen Sie uns diesen Ausflug in die Arbeitswelt des 21. Jahrhunderts mit einer guten und einer schlechten Nachricht beenden. Zuerst die schlechte:

Wir haben ein Problem mehr. Neben Mobbing, Burnout und Haltungsschäden – verursacht durch ergonomisch schlecht eingerichtete Arbeitsplätze – gibt es eine neue Diagnose. Der Boreout zerstört nicht nur die Illusion von einem allgemeinen Glück am Arbeitsplatz, das uns heute in jedem Weiterbildungskurs, in jedem Karriere-Ratgeber und jeder Stellenanzeige versprochen wird. Er kann verantwortlich sein für dieses diffuse, schlechte Gefühl, das uns befällt, wenn wir an Arbeit denken. Vielleicht kommen Sie nach der Lektüre dieses Buches diesem schlechten Gefühl eher auf die Schliche und ändern etwas an Ihrer beruflichen Situation. Oder Sie unterhalten sich wenigstens damit, andere zu beobachten und zu entlarven. Das ist aber nur ein Trostpflaster, das hilft, einigermaßen mit diesem Phänomen umgehen zu können.

Womit wir schon bei der guten Nachricht wären.

Wir können das Problem lösen, und die Individualisierung in unserer Gesellschaft hilft uns dabei, den Boreout loszuwerden. Zur Individualisierung gehört, den Blick auf die eigene Situation und auf die eigenen Bedürfnisse zu richten. Konkret heißt das: Wir nehmen nicht mehr alles, was uns bei der Arbeit passiert, einfach hin. Wir ergeben uns nicht unserem Schicksal, sondern verlangen mehr von der Arbeit. Dies tun wir in zweifacher Hinsicht – inhaltlich, weil wir nach Sinnerfüllung suchen, und formal, weil wir für unsere Arbeit gut entschädigt werden wollen, weil wir hohe Erwartungen an das Arbeitsklima haben und weil wir erträgliche Arbeitszeiten wünschen.

Lassen Sie sich nicht beirren von den ach-so-wissenschaftlichen Experten, die immer meinen, Arbeit dürfe und könne gar nicht (allen) Spaß machen. Vergessen Sie das: In unserer individualisierten Gesellschaft gibt es noch viele andere Dinge, die nicht allen zustehen oder die nicht mehr funktionieren würden, wenn sie alle beanspruchen würden. Fordern Sie eigennützig das für Sie beste Resultat bei der Arbeit. Fordern Sie auch in der Arbeit Ihren Sinn, Ihre Erfüllung. Denn: Allen Unkenrufen zum Trotz ist die Arbeit doch mehr als reines Geldverdienen. Die Individualisierung macht's möglich. In ihr liegt auch unsere Lösung – wir nennen sie den qualitativen Lohn. Es kann durchaus sein, dass man für eine gewisse Zeit einen niedrigen qualitativen Lohn in Kauf nimmt – und so mit vielleicht eher ungeliebter Arbeit immerhin einen volkswirtschaftlichen Beitrag leistet. Das bedeutet aber nicht, dass man auf Sinnerfüllung in der Arbeit grundsätzlich verzichtet – man nimmt Einbußen nur während einer gewissen Zeit in Kauf. Und es bedeutet auch nicht, dass man nicht eine Verbesserung der Situation anstreben soll. Im Gegenteil.

Der Boreout – wir haben es bereits mehrmals betont – ist ein individuell bedingtes Phänomen. Nicht alle Menschen sind in der gleichen Situation unterfordert, desinteressiert oder ausgelangweilt. Nicht alle finden Sinnerfüllung in der gleichen Tätigkeit. Und jeder Betroffene muss den eigenen, richtigen Weg suchen, mit seinen Problemen am Arbeitsplatz umzugehen. Dabei sollten wir lernen, gesellschaftliche Wertungen zu ignorieren und auf unsere eigene innere Stimme zu hören. Das gilt auch für Fragen rund um unsere Situation am Arbeitsplatz. Wir entscheiden für uns, woran wir Freude finden, welche Arbeit wir als sinnvoll erachten und welche Lösung wir uns für den Boreout vorstellen können. Deswegen ist der Boreout nicht nur einfach ein Problem – sondern auch eine Chance, die Individualisierung zu perfektionieren.

Literaturverzeichnis

Adams, Scott: *Das Dilbert Prinzip: Die endgültige Wahrheit über Chefs, Konferenzen, Manager und andere Martyrien.* Verlag Moderne Industrie, 2007.

Beer, Michael/Eisenstat, Russel A./Foote, Nathaniel/Fredberg, Fobias/Norrgren, Flemming: »*Der perfekte Chef*«, in: Harvard Business Manager, August 2008, S. 20–31.

Bergmann, Frithjof: *Neue Arbeit, neue Kultur.* Arbor Verlag, 2004.

Brinkmann, Ralf D.; Stapf, Kurt H.: *Innere Kündigung. Wenn der Job zur Fassade wird.* Verlag C. H. Beck, 2005.

Brüder Grimm: *Hans im Glück,* in: Lob der Faulheit: Geschichten und Gedichte. Insel Verlag, 2004.

Cobaugh, Heike M./Schwerdtfeger, Susanne: *Work-Life-Balance.* Redline Wirtschaft 2003.

Csikszentmihalyi, Mihaly: *Beyond Boredom and Anxiety: Experiencing Flow in Work and Play.* Jossey-Bass, 2000.

Csikszentmihalyi, Mihaly: *Flow im Beruf.* Klett-Cotta, 2004.

Dehner, Ulrich: *Die alltäglichen Spielchen im Büro.* Piper Verlag, 2004.

De Sadeleer, Luke/Sherren, Joseph: *Vitamin C for a Healty Workplace.* www.creativebound.com, 2001.

Englert, Sylvia: *Das ist mein Job: Selbständigkeit oder Festanstellung, Teilzeit oder Zeitarbeit. So finden Sie Ihr persönliches Jobmodell.* Econ, 2003.

Frankfurt, Harry G.: *Bullshit.* Suhrkamp, 2006.

Kaye, Beverly/Jordan-Evans, Sharon: *Love it, don't leave it.* Gabal Verlag, 2005.

Ludin, Stephen C./Paul, Harry/Christensen, John: *Fish! Noch mehr Fish! Für immer Fish!* Dreimal ungewöhnliche Motivationen in einem Band. Redline, 2013.

Maier, Corinne: *Die Entdeckung der Faulheit: Von der Kunst, bei der Arbeit möglichst wenig zu tun.* Goldmann Verlag, 2005.

Maslach, Christina/Leiter, Michael P.: *The truth about burnout.* Jossey-Bass, 1997.

Merg, Klaus/Knödler, Torsten: *Überleben im Job.* Redline Wirtschaft, 2005.

Wilhelm, Thomas; Edmüller, Andreas: *Manipulation erkennen und abwehren.* Haufe Verlag, 2005.

Artikel/Umfragen

Irle, Mathias: »Schluss mit lustig. Macht Ihnen Ihre Arbeit Spaß? Nein? Nicht schlimm! Alles andere wäre eine Ausnahme. Sagt der St. Galler Professor Fredmund Malik«, in: *brand eins,* Wirtschaftsmagazin, Heft 07, September 2005, S. 70 – 71.

Kelly Services:

- Stress am Arbeitsplatz, November 2005.

- Ethik am Arbeitsplatz, September 2005.

- Zufriedenheit am Arbeitsplatz, Juni 2005.

Studie von Dan Malachowski für galaxy.com und AOL: »Wasted Time At Work Costing Companies Billions«. Juli 2005, publiziert auf www.salary.com

Ebenfalls auf salary.com: Wasting Time at Work survey 2014.

Saavedra, Mario: 8 horas sin intimidad: Así nos espían en nuestro trabajo, in: *CNR,* November 2005.

The Gallup Organization:

- Engagement Index: Studie zur Messung der emotionalen Bindung von MitarbeiterInnen, Untersuchungen von 2004–2006

- State of the global Workplace (2013)

Zu den Autoren

Philippe Rothlin (1974) arbeitet in der Finanzindustrie bei einem international tätigen Bankenkonzern. Er studierte Rechtswissenschaften sowie Betriebswirtschaftslehre an der Universität St. Gallen (HSG) und absolvierte einen Master of Business Administration (MBA) an der ESADE Business School in Barcelona. Er war bei verschiedenen Unternehmen im Bankensektor tätig. Er ist Mitbegründer einer Werbeagentur, für welche er auch verschiedene Kundenprojekte umsetzte. Er war überdies im Finanz- sowie im Industriesektor als Strategieberater tätig. Rothlin hat einen Sohn und wohnt in Barcelona und Zürich.

Peter Werder (1974), Dr. phil., leitet die Kommunikation eines Schweizer Konzerns im Gesundheitswesen und ist Dozent an der Universität Zürich zu Kommunikation im Gesundheitswesen. Studium der Publizistik, Philosophie und Musikwissenschaften an der Universität Zürich, Executive MBA in General Management an der Universität St. Gallen (HSG). Er war als Journalist, Musiklehrer und PR Berater tätig. Peter Werder hat diverse Artikel und Bücher publiziert. Er engagiert sich politisch und leitet den »Zurich Gospel Choir«, den er 2011 gegründet hat. Werder hat einen Sohn und lebt mit seiner Partnerin in Adliswil bei Zürich.

Dank

All den Betroffenen, all denen, die das Thema Boreout weiter entwickelt und es mit Geschichten und Leben gefüllt haben, die damit für Aktualität gesorgt haben, all denen möchten wir an dieser Stelle danken. Viele Betroffene haben uns mit ihrer Ehrlichkeit weitergebracht, indem sie uns von ihrem Leiden, ihrer Unterforderung, ihrer persönlichen Erfahrung mit Boreout erzählt haben.

Wir danken allen Leserinnen und Lesern von »Diagnose Boreout«, der »Boreout Falle« und von all den vielen Übersetzungen, die damit zur Enttabuisierung des Boreout beigetragen haben. Wir sind stolz zu sehen, dass es heute ein klein wenig einfacher ist, über das Gegenteil des Burnout zu sprechen.

Nicht zu Letzt danken wir unserem Lieblingsgegner, dem Immunbiologen Prof. Beda Stadler. Boreout ist zwar nicht sein Fachgebiet, dennoch hat er sich seit 2007 rührend Mühe gegeben, unsere Theorie als Hoax abzustempeln. Nur wer Gegner hat, wird ernst genommen, und dafür danken wir Beda Stadler von ganzem Herzen.

Warum soll es nach Plan laufen, wenn es keinen gibt?

Wer an erfolglose Unternehmen denkt, dem kommen häufig Dinge wie mangelnde Leistungsfähigkeit oder fehlende Leistungsbereitschaft in den Sinn. Doch oft existieren noch andere Komponenten, die verhindern, dass eine Firma reibungslos funktioniert. Auch die Art und Weise wie ein Unternehmen geführt wird, spielt beispielsweise eine wichtige Rolle, die häufig aber nur stiefmütterlich behandelt wird.

Jörg Neumann geht in seinem Buch ganz genau auf die Probleme der Unternehmensführung ein. Anhand eingängiger Beispiele zeigt er die Schwachstellen auf und bietet Lösungsvorschläge, von der Auswahl der richtigen Crew über das Führen wichtiger Gespräche bis hin zur Teamführung über Distanz. Neumann offeriert gut strukturierte Toplisten und »20 Best-Practice-Beispiele aus erfolgreichen Unternehmen«, mit deren Hilfe der Leser wichtige Leitfäden geboten bekommt, um schnell und effektiv Änderungen vornehmen zu können.

224 Seiten
Broschur
16,99 € (D) | 17,60 € (A)
ISBN 978-3-86881-533-7

---

www.redline-verlag.de

REDLINE | VERLAG

Wenn Manager Mist bauen

Warum produziert das Management heutzutage so viel Mist? Es wird auf allen Ebenen wahnsinnig viel gelabert, analysiert, geplant, gemeetet – aber bewegt wird nur noch wenig. Viele Manager wurschteln munter vor sich hin. Aber sie tun nicht (mehr), was getan werden muss. Was hält intelligente, kompetente Führungskräfte, Leistungsträger, High Potentials, Young Professionals, Mütter, Väter und andere vernünftige Leute davon ab, das zu tun, was getan werden muss?

Dafür gibt es viele gute Gründe? Nein. Es gibt eigentlich nur fünf; ganz pragmatisch an den Fingern einer Hand abzuzählen. Diese fünf schlimmen Finger sind schuld, wenn Manager sich auf die Nase legen. Aber: Sie sind vermeidbar. Passenderweise mit der 5-Finger-Methode, die Klaus Schuster humorvoll, mit vielen Praxisbeispielen und praktischen Handreichungen in seinem neuesten Buch vermittelt.

224 Seiten
Hardcover
16,99 € (D) | 17,50 € (A)
ISBN 978-3-86881-530-6

www.redline-verlag.de

REDLINE | VERLAG